寄り道の科学

折り紙の本

萩原 一郎・奈良 知恵 [著]
Ichiro Hagiwara　Chie Nara

日刊工業新聞社

本書は『おもしろサイエンス折り紙の科学』（萩原一郎・奈良知恵著、2019年発行）の改題新版です。

はじめに

私は2024年11月、NHKの番組「視点・論点」において「折り紙がひらく最先端工学」というタイトルで、日本人の物つくりのDNAという言葉を用いて、これまでの日本人の活動について述べました。

容易に作れなかった紙の製造法が105年、中国・後漢時代に発明され、610年に高麗僧によってその技術が伝来されました。ありがたくその技術を使用するだけでなく、自分で作ってみないと気の済まない大和民族のDNAに火が付き、努力を重ね700年頃には和紙が誕生しました。

後漢時代の紙に比べ、薄く厚さも一様となり、世界で初めて美しく折り畳める紙の誕生となりました。

世界四大文明が誕生した際、最初に求められたものの1つが、紙と虫をよけ火を起こすための「うちわ」でした。折り畳める和紙でもって、折り畳める扇が和紙誕生前後にできました。扇は「蛇腹折りの骨付きシートの折り紙」とも位置付けできますので、扇についても本書で少しばかり紹介します。

さて和紙ですが、江戸時代に農家の副業で作られるようになるまでは一部の上流階級しか使用できず、神へお供えする礼法折り紙として折り紙は使われていました。江戸時代に、今の鶴や亀など遊戯折紙が誕生しました。20世紀になると、花紋織りなどさらに美的な要素が加わります。

日本人にとって、折り紙は高貴な芸術であり金儲けの対象ではないと、いつしか思うようになってしまった節があります。そこに、日本の七夕飾りをヒントに、英国のエンジニアがハニカムの大量生産法を発明します。ハニカムが大きな産業になっているという情報が入るや、それに刺激を受け「折紙工学」の誕生となりました。そして、折紙工学のベースとなるバイオミメティクス折り紙が日本で誕生しました。

我々に残された最後のフロンティアは海洋や宇宙となります。これらの制覇には、本書で展開される折紙工学の要素技術が必要となります。そのような産業振興の目からも、本書を愛読して頂ければと思います。

折り紙を応用した要素技術の範囲は広く、筆者らの範囲を越えており、多くの方々の成果の紹介に終始している項目もあります。この場をお借りして、快く資料を提供して頂いた方々に厚くお礼申し上げます。

2025年2月　萩原一郎

Contents

Chapter1
文化・産業としての折り紙

01	折り紙の基本形と展開図	2
02	折り紙の設計図	4
03	折り紙の設計ソフト	9
04	折紙設計とリバースエンジニアリング	14
05	折りやすい展開図を作る方法	19
06	折り紙を折るロボット	23
07	金属素材も折れる折紙式プリンター	27

Chapter2
折り紙が学問になる

08	日本発の学問「折紙工学」	32
09	ハニカムコアの発明	34
10	国際語となった「切紙(kirigami)構造」	38
11	ハニカムコアに勝る可能性のキュービックコア	41
12	バイオミメティクス折り紙① 昆虫に学ぶ	44
13	バイオミメティクス折り紙② 植物に学ぶ	49
14	折り紙の数理を用いたデザイン	52
15	骨付きの蛇腹折り紙としての日本伝統の扇	55

Chapter 3
折り紙を科学する

16	折り紙の基本折りと基本形の応用	60
17	芸術性の高い作品に使われる「ねじり折り」	65
18	幾何学的な立体を作る「ユニット折り」① 手裏剣	70
19	幾何学的な立体を作る「ユニット折り」② ダイヤモンドの結晶構造	75
20	産業への応用に期待「らせん折り」	79
21	2つのパーツを貼り合わせる「対称2枚貼り折り」	84
22	「剛体折り」と「連続折り」の実用性	87

Chapter 4
折り紙と産業化

24	折り紙の産業化への4つのハードル	94
25	展開と収縮に優れる「ミウラ折り」	96
26	三角錐の連なったオクテット・トラス形コアパネル	100
27	金属製オクテット・トラス形コアパネル① 形状と成形法について考える	102
28	金属製オクテット・トラス形コアパネル② 実用化への道のり	109
29	折紙型油圧ダンパー	111
30	コンパクトで強度を備えた折り畳み式ヘルメット	113
31	折り紙で作るおしゃれな安全帽子	117

Contents

| 32 | 折り紙は優秀なエネルギー吸収材 | 119 |
| 33 | 高い機能と安価な製造が可能「反転ねじり折紙構造」 | 124 |

Chapter5
折り紙の力

34	身のまわりにある建築産業への応用	130
35	期待される医療機器や肺の呼吸モデルへの応用	132
36	振動をゼロにする防振器。自動車シートへの応用	136
37	美しくコンパクトに折り畳める飲料容器への応用	139
38	簡単に折り畳める厚板の箱	142
39	オクテット・トラス形コアパネルによる輸送革命	146
40	折紙工学の未来	149

◆ 参考文献 152

Chapter 1

文化・産業としての折り紙

折り紙の基本形と展開図

折り紙の基本形

　折り紙といえば、**図1**の折り鶴や風船を思い浮かべますが、いざ作品を作ろうとすると、思うように運ばないことがあります。実は、無意識にしている折り手順というものが重要で、折り鶴の場合もいろいろあります。

　通常は**図2**のように頂点同士を合わせて2つ折りするところから始めます。さらに重ねたまま2つ折りして、それから中に指を入れて開きながらダイヤモンド形にします。ちなみに、日本では折り紙をテーブルや机の上に置いて折り線を入れますが、海外で出逢った多くの人たちは空中で折り合わせて折り線を入れ、しかもきれいに折るので驚きました。

　このダイヤモンド形を基礎にして、さらに続けていくと、より手の込んだ作品が多数できます。そこで、この形を「（折り）鶴の基本形」と呼びます。もちろん、何をもって「基本形」とするかは人によって異なり一律ではないようです。

折り目のパターン（展開図）

　さて、一旦折ったものを再び元の正方形の折り紙に戻してみると、折り目の模様

図1 折り鶴と風船

ができます。この模様を「折り目パターン（または展開図）」と呼びます。置いた紙の裏側がでるように（手前に）折る折り目を「谷折り線」、表側がでるように（後ろに）折る折り目を「山折り線」と呼びます。紙を裏返すと、山谷の折り線は逆になりますから注意してください。

　作品の折り方を展開図で示すと便利です。折り紙では山谷の折り線を区別できるように山折りを「－・－・－・－」、谷折り線を長めの点線「－－－－－－－」で表すことが多いので、できるだけこの記号を使うことにします。例えば、折り鶴の基本形の展開図は**図3**のようになります。このようなパターンを見ただけで作品を作り上げることは難しいので、もちろん、上手な折り手順が必要になります。

図2　鶴の基本形と折り手順の例

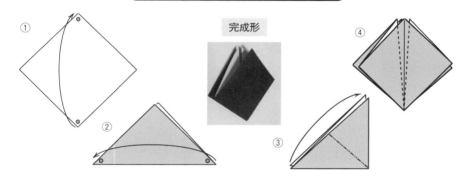

頂点同士を合わせて折り、さらに頂点同士を合わせて折る

それぞれの袋の中に指を入れて下の頂点が上の頂点に重なるように開く

図3　鶴の基本形の展開図

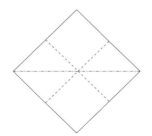

折り紙の設計図

折り目の基本定理

　折り鶴は折り畳む操作を繰り返して、平らに折り上げてから立体形状にして完成です。平らに折った時の折り目をしっかりと付けてから、展開図に広げてみると、折り線の交点について必ず成り立つ性質があります。その中で特に次の２つの定理が重要です。

■前川の定理：折り線の交点には偶数本の線が集まり、谷線と山線の本数にはちょうど２本の差がある。

■川崎の定理：折り線の交点のまわり１周360度を折り線で分割すると、１つ置きに交互に２つのグループに分けてそれぞれの角度を加えると、ちょうど180度ずつになる。

　ちなみに、これらの内容は歴史的には村田三良氏の論文[1]の中でおそらく最初に記述されています。近年、情報公開が進んで論文へのアクセスが容易になり、この論文が広く知られるようになりました。

　これらの定理を折り鶴の基本形で試すと、中心点には４本の谷線と２本の山線が集まっていますから本数の差は２です。折る途中では他の対角線も折りましたが、最終的には折り目ではなくなっていますので、展開図では消滅しています。**図１**の折り鶴の展開図で試してみてください。

展開図の設計

　ところで、折り鶴も風船も展開図には正方形や三角形が多くあります。しかも、三角形の形は直角を二等分した45度やその半分の22.5度をもつものが多いです。この事実に前川淳氏は気づいて、より複雑な折り紙作品の創造へと発展させました。「化合物の原子（アトム）に対応する折り紙の原子の考え方」ともいわれています。

　また、三角形は各辺の中点同士を結ぶと、元と相似な４個の合同な三角形に分割されます。このような性質をもつ図形を「レプタイル」と呼びますが、展開図には

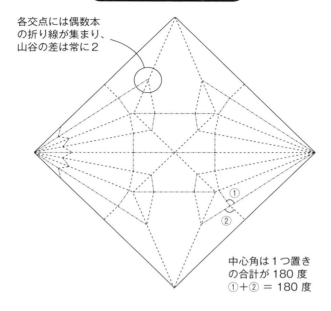

図1 折り鶴の展開図

各交点には偶数本の折り線が集まり、山谷の差は常に2

中心角は1つ置きの合計が180度
①＋② ＝ 180 度

このような性質も多々見受けられます。

　そこで、従来の試行錯誤して作品を創作するという手順ではなく、最小単位の組み合わせから成り立つ展開図に注目して、イメージした作品を折るために、まず「折り紙を設計」して展開図を作成するという飛躍的な発展の道が開かれました[2,3]。

　例えば、前川氏の**図2**の「悪魔」の展開図の細部の設計にもこの手法が活用されています。その一端を覗くと、手の5本の指を折るところにも工夫があり、1つの角を4等分するのは簡単ですが、5等分することは難しいです。そこで、1つの角を4つの領域に分けた時、その境界線は5本（いわゆる植木算と同じで、植木5本の間は4か所）になることを用いています。

　この例のように、作品に仕立ててから展開図を描くのではなく、逆に、完成した作品を思い描いて、それに合うように、折る前に展開図を設計することが考案され始めたわけです。

図2 悪魔

完成形

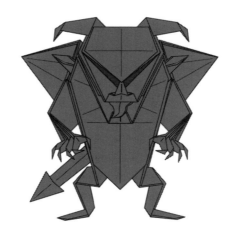

展開図

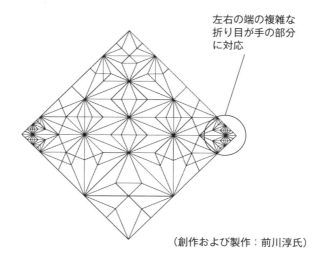

左右の端の複雑な折り目が手の部分に対応

（創作および製作：前川淳氏）

自然や宇宙を表現する折り紙

折り紙を設計する考え方はピーター・エンゲル氏によっても発展させられました。エンゲル氏は、自然や宇宙を表現する折り紙作家である吉澤章[4]氏と直接の交流があり、折り紙作品のもつ芸術性を深く理解している1人でした。

エンゲル氏は「1枚の正方形の折り紙からハサミや糊を用いずに作品を作る」という日本の伝承的な折り方を守りながら、より複雑な形状へとできるだけ簡単に折る方法を探求し、生き物がまるで呼吸して生きているかのようなリアリティーに富んだ作品を多数創作しました。彼の著書[5]には展開図とともに多数の作品が紹介されています。

ここでは、その1つを紹介するに留めますが、自然の美しさや生命の鼓動を絶妙に捉えています（図3）。展開図を見ると、実に単純な三角形などが多いことにも驚かされます。

図3　ペンギン

（創作：ピーター・エンゲル氏）

🐾ちょっと解説　枝分かれ（スティック構造）

折り紙の設計を「枝分かれ（スティック構造）」によって表現する方法があります。例えば**図4**は折り鶴の基本形を次の段階まで折り進めたものですが、その展開図に**図5**のような円盤や扇形による分割を入れます。そして、これらの円盤や扇形の半径を枝の長さとし、互いに接するもの同士を枝分かれにして作図したものが枝分かれ（スティック構造）の図です。もっと複雑な例の時には「川」と呼ばれる同じ幅の帯が加わります[6]。

図4 鶴の基本形の上下を逆にして左右の端を内側に折り込んだものとその展開図

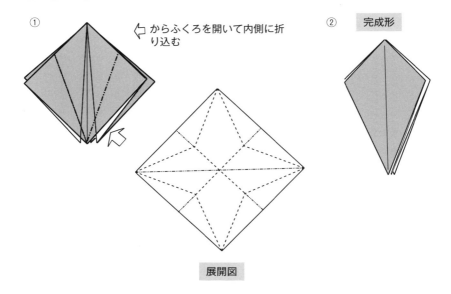

① ⇐からふくろを開いて内側に折り込む

② 完成形

展開図

図5 円盤や扇形による分割と枝分かれ（スティック構造）

各頂点を中心とする円弧とそれらに接する円を描いたもの、および半径の長さを用いた枝分かれ

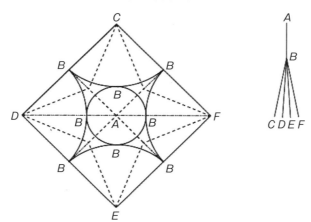

03 折り紙の設計ソフト

木構造の考え方

ロバート・ラング氏による「ツリー・メイカー（TreeMaker）」というソフトは、前川淳氏やピーター・エンゲル氏によって開発された折り紙の設計方法をさらに前進させました[6]。一般公開されているのでインターネットで入手可能です。

そのアイデアのもとになるのが「木構造」という作図方法です。例えば、サカナの基本形は**図1**に示すものですが、正方形の折り紙の縁の辺がすべてテーブルの上面に接しています。サカナのひれが2組の合同な三角形のペア、そして胴体が4組の合同な三角形のペアで成り立ち、これらのペア同士を結合する線分はテーブルに垂直に立っています。このような棒状の構造をもつ場合に作品は「木構造をもつ」といいます。

図1　サカナの基本形

斜め上から

折り紙の縁の辺がテーブルに接し、ひれと胴体の接続線分はテーブルに垂直

下から

上から

図2 昆虫

(ロバート・ラング氏の
創作にもとづく木構造
をもつ折紙作品)

　ツリー・メイカーは、作りたい作品が木構造をもつ場合、その同一平面への直交射影(影絵)から正方形の折り紙へ主要な点を配置して、展開図を作成するコンピュータ・ソフトです。サカナの基本形よりもう少し複雑な例を挙げると、昆虫の基本形ともいえる図2にある折紙作品です。手足と頭と胴体から成り立っています。
　展開図の補助線として、枝分かれ(スティック構造)の説明で用いた円弧や円などを描くことに対応する処理をしますが、これは「ディスク・パッキング」と呼ばれるもので、一般にはこれを見出すアルゴリズムは非常に複雑(NP困難)であることが知られています。したがって、対象によっては計算に膨大な時間がかかるという課題はあります。
　しかし、例えば、図2の昆虫のかわりに、複雑な手足や翅をもつ昆虫など、細部の作りこみを手の調整でなく、設計図である展開図に表現することを可能にしたことは革新的なことでした。たくさんの緻密でリアルな作品がインターネットでも公開されています[7]。

アルゴリズム

　アルゴリズム（Algorithm）とは問題を解くための手順を定式化したものですが、例えば、連立一次方程式の解法などもある手順に従えば、答えが存在しないことなども含めて、必ず解けます。この時、手順は1つではなく、一般には多数の方法があり、ざっくりいえば、手順が少ないか多いかを計算量といいます。

コンピュータ・ソフトの開発

　さて、2007年に舘知宏氏によってインターネット上に公開された「オリガマイザー（Origamizer）」という折紙設計のコンピュータ・ソフトは、複雑な多面体形状を隙間なく1枚の紙から折るための展開図を作成できるシステムです（**図3**）。当初、形状によっては失敗することもあり、どのような条件が必要なのかという限界は分かっていませんでした。

　しかし、2017年にそこを突破するアルゴリズムがエリック・ドメイン氏と舘氏によって求められ、どんな多面体でも展開図を生成することが可能となりました。従って、どんな形の立体も多面体で近似すれば、その近似の形を1枚の紙から折る設計図を作成してくれるという強力なアルゴリズムです。もちろん、どのような手順でどのようにして折るかという課題については、現状では主に折り手の手腕に委ねられています。「自己折り」の手法の応用など今後の進展が大いに期待されています。

曲面折り

　今までの折り紙作品の展開図の折り目は真っすぐな線分から成り立っていました。それに対して、曲面の立体に対する折り目は曲線になります。例えば、長方形の紙の両端を貼り合わせると円筒形になりますが、あらかじめ曲線の折り目をうまく入れておくと、曲面の装飾模様ができます。その代表的な作品として、「ホフマンのタワー（David Huffman Tower）」がよく知られていますが、その設計理論の研究は近年始まったばかりです。

　三谷 純 氏は、軸対称な回転体の断面から近似する曲面の展開図を作成するソフトウエア「ORI-REVO」を提案し公開しています（**図4**）。さらに、ユーザーが入

図3 オリガマイザーによるバニー

完成形

展開図

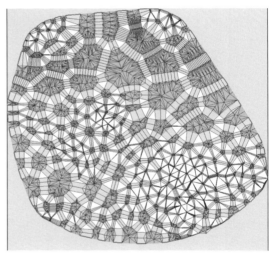

多面体近似

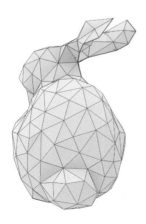

（創作と製作：舘知宏氏）

力する断面の展開図から生成される折紙作品の形状を変化させると、同時に展開図から得られる折紙作品の形状も視覚的に捉えることができ、完成形状を確認しながら、試行錯誤をすることが可能なツールとなっています。

このような試行錯誤による制作では、従来の折り紙とは異なる、珍しい造形を生み出すきっかけともなります。2006年に展開されたファッションデザイナー、ISSEY MIYAKEのシリーズへの貢献など、造形的な美しさや新規性を求められる場での応用がなされています。

このような例や前述のコンピュータ・ソフトの他にも、折り線の図が実際に折り可能であるかを判定するプログラム、さらに何通りの展開図が存在するか、そのうちどれが実際に平坦折り可能か、など実に多様で広範囲の研究が進められています。これらの研究は「計算折り紙」の分野として益々発展しています[8,9]。

図4 ORI-REVOによる折り紙作品

（創作と製作：三谷純氏）

04
折紙設計と
リバースエンジニアリング

　日本伝統の折り紙には、研ぎ澄まされた簡潔さがあります。そこが世界の人々を魅了する要因にもなっています。一方で、より実物に近いものを作りたいという要望もあります。

　その要望に最初に応えた折紙設計システムに、チャプター1の3でも紹介したロバート・ラング氏の「ツリー・メイカー（TreeMaker）」があります。このシステムのインパクトは大きく、折紙工学の中に「折紙設計」という1つの大きな領域が築かれる端緒にもなりました。その後、日本の研究者も優れた折紙設計システムを開発しています。

　ツリー・メイカーは「研ぎ澄まされた簡潔さ」という日本伝統の折り紙とは、真逆の方向にあると思います。なぜなら、「実物通りのものを折り紙で作る」ということだからです。この考えに応える最良の方法は「リバースエンジニアリング（RE）」を利用することです。

リバースエンジニアリング

　ここでREについて紹介しましょう。現在、人工物の多くはCAD（Computer Aided Design、コンピュータによる設計支援）システムを利用して製造されています。

　しかし、製造誤差などで必ずしも製造物はCAD通りではありません。

　例えば、自動車に搭載されている各部品には満たすべきたくさんの性能があり、それらを最適化して市場に送り出します。そのために、CADデータをもとに解析モデルを生成します。出来上がる各部品はCAD通りになっていませんので、予測値もずれてしまいます。そこで、出来上がったものを計測してCADデータを修正します。

金属の製造方法

　金属の代表的な製造法に鋳造、鍛造・圧造、プレス成形などがあります。後述の折紙工法開発のきっかけになったので、これらの製造法について少し解説しましょう。

　鋳造は熱することでドロドロの状態に溶けた高い温度の金属を金型に流し込み、製造する方法です。溶かした金属は冷やすことですぐに固まり、金型通りに短時間で製造できるという特徴があります。鋳造によって製造された製品は、熱が加わっても変形しにくいため、自動車や鉄道車輪のブレーキ、エンジン周りの部品など、高温状態になりやすい部分に使用されます。

　鍛造は元となる金属製の材料をハンマーなどで何度も叩き、製品の形に近づける方法です。この方法では叩けば叩くほど金属の結晶が整うため、強い製品ができるという特徴があります。また、ハンマーではなく、型を使って圧縮製造するという方法もあり、この場合も短時間での大量生産が可能です。鍛造製品には、強度が高いという特徴があるので、自動車のギア、航空機の胴体フレームなどに採用されています。

　圧造は基本的に鍛造と同じですが、横方向から加圧して成形するタイプの機械加工を指すことが多いです。エンジンなどソリッド部品の開発に使用されます。

　板ものの開発に使用されるプレス成形は、対となる工具の間に素材をはさみ、工具によって強い力を加えることで、素材を工具の形に成形します。車体を構成するパネルや柱などはこの方式で製造されます。これらの中で最も精度の良いプレス成形においても、板厚には20%程度のバラツキがあります。

STLデータの活用

　REの流れを**図1**で見てみましょう。レーザスキャナなどを用いて得られる計測データはおびただしい数の点群です。このデータにはたくさんのノイズ（不要な情報）が乗っています。ノイズを除去しながらさまざまな角度から撮影した複数の画像を位置合わせして、点群データを適切に移動させた後、この点群をもとに構造を再構成します。

　ここでは、表面を三角形メッシュで表現するSTLデータ（Stereolithography）

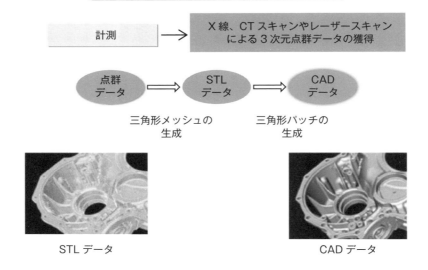

図1 リバースエンジニアリングの流れ

STL データ　　　　　　　　CAD データ

が利用されます。このSTLデータはコンピュータがいち早く扱うべき形状を把握するのに、最も簡易的で有効なものです。このシステムは設計現場で日常的に使われています。

このSTLデータを**図2**のパンダを例に、折紙設計に応用することを考えてみましょう。パンダの3次元データを作るため、同図(a)で25枚の写真を撮ります。(b)(c)のように不用なものを除去し、対象物はSTLデータで表現します(d)。

積層型3Dプリンター

積層型3DプリンターにこのSTLデータを入力すると、次の流れで造形されます。

積層型3Dプリンターに内蔵されたコンピュータでは①水平方向から断面を切る②断面上で存在する点を求める③認識された点に材料を積層する、の3段階を繰り返します。このようにして、STLデータから造形物が作られるのです。

ここで注意すべきは、写真画像から得られるデータを直接入力すると、データが詳細すぎて造形物を得るのに多くの時間と材料が必要となります。そこで、図2(d)に示しますように、本質的な形状は変わることのないように、形状の簡略化を通常

図2 適切な細かさのSTLデータが得られる過程

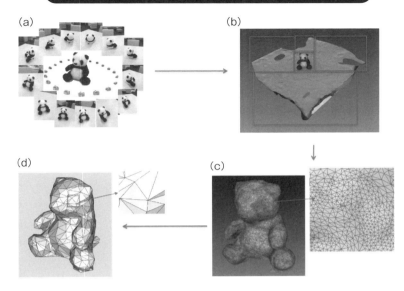

行います。このデータを得るところまでは、REの流れそのものです。

折紙式プリンター

　ここで筆者らは、図3(c)右に示すようにSTLデータから互いに重ならないよう複数の山折り線、谷折り線、糊しろ部付きの展開図を得るシステムを構築しています。これらの展開図の各々から3次元構造を作りそれぞれを結合すると、同図(c)の左側の造形が得られます。このシステムを我々は積層型3Dプリンターに対し、「折紙式プリンター」と称しています。

　設計されたものが画面上で描かれても、臨場感が得られるほどには伝わらないケースが多いです。2次元の画面で見るより、実物を3次元的に見たり実際に触る方が理解は深まります。そのため、接触感まで再現できる積層型3Dプリンターが利用されています。

　積層型3Dプリンターは製造業で大いに利用されていますが、一体成形のため使用する装置によって造形物の大きさが決まります。大規模なものには適用が困難、

図3 実物と折紙式プリンターによる造形物と展開図

製造に時間がかかる、高価で手が出しにくいなどの問題があります。

そこで、折紙式プリンターの開発を思いついたわけです。紙ベースだと安価ですし、大きなものも自分自身の手で比較的早く構築できます。この自分自身の手による構築は折れ角度を変えることにより挙動まで分かりますので、構造のより深い理解が得られ、設計や教育においても有用です。このシステムでは見たものすべて紙で作れるので、設計者にとって素晴らしい効果があります。

「百聞は一見に如かず」は後漢時代からの格言ですが、「百見は一作に如かず」に置き換えられます。今後さらに、REベースの折紙設計が有効に利用されることを期待しています。

折りやすい展開図を作る方法

　図1は、野島武敏氏が発明した折り畳める帽子「ノジマハット」とその展開図です。てっぺん、側面、ひさしの3つに分け、糊付けして1つの帽子になります。

　同図(b)は糊しろ部分を折ると、本体にも折り線がついてしまいます。(c)は本体を折ると糊しろにも折り線がついてしまいます。人の手でしたら、折らなくて良い場所を避けることができますが、こうしたことはロボットには困難です。

　そこで、糊しろ部を(d)①のてっぺんに移動させました。このように、折り方を工夫することでロボットでも折りやすくなります。ロボットが折れるかどうか、より複雑な構造で見ていきましょう。

肝心なのは木構造

　図2は、野島氏による(a)反転らせん折紙構造と(b)その2次元展開図です。筆者らのシステムを使うと、(a)の画像から(c)と(d)の2次元展開図が得られます。展開図は異なっても、出来上がるものは同じです。

　(b)から(a)を作るのは人の手でも容易ではありませんが、その分、作り上げた時の喜びは大きいものとなります。これまでの折紙設計は、折りやすさを狙ったものではなく、適度に困難でその結果折ることに楽しさも与えているのです。もともと、ロボットに折らせようという考えはありません。

　折紙作家が作る展開図やツリー・メイカー、折紙設計システムでは人が折ることを前提にした展開図が作られます。これらをロボットで折らせようとすると、折紙ロボットの機構は複雑になっていきます。

　話を戻しましょう。人の手で折って(a)を作る場合、(b)よりも(c)の方が作りやすいですが、ロボットはどちらにしても簡単ではありません。

　(b)の三角形2を折り曲げると、その周りの三角形1、3、7が変形します。また、三角形3が変形しますと、三角形4も変形します。このような変形の派生によって、三角形3から4→5→6→7へと変形します。一方、最初に三角形2だけ折り曲げると、三角形7は2→7と、2→3→4→5→6→7の2通りの変形の派生を受け

図1 折り畳める帽子ノジマハット

(a) 折紙ハットの展開図
1. てっぺん

2. 側面

3. ひさし

(b) 糊しろと本体の間の折り線

(c) 本体中の折り線

(d) 糊しろ位置変更後の展開図
①
②
③

(e) 折り畳んだ状態

(f) 展開した状態

図2 反転らせん折紙構造とそのさまざまな展開図と木構図

(a)

(b) 展開図とその木構造
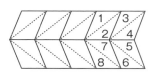

(c) システムで得られる展開図とその木構造①
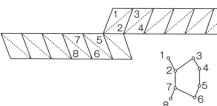

(d) システムで得られる展開図とその木構造②
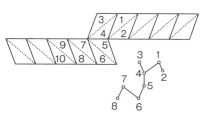

20

ますので曲げ加工が困難となるわけです。

(d)の場合はどうでしょうか。三角形7を変形させると三角形6、8、10などは変形の派生が1通りなので折り曲げやすくなり、山折り・谷折りの機能を持つロボットであれば折れることになります。これは(b)の木構造には閉ループがありますが、(d)の木構造には閉ループのないことが影響しています。なお、(c)の場合については詳細を省きますが、閉じた木構造があり、ロボットが折るのは困難です。

木構造

木構造とは、各面の要素内に1点をとり、それらの隣り合う点をつないで得られた図形が閉ループを持たないものを指します。

閉ループを開ループに変換

そこで筆者らは、展開図に閉ループがあれば自動的に閉ループを分割し、開ループに変換する方法として折紙設計システムを開発しました。

一例を紹介します（**図3**）。株式会社竹尾のロゴである紙を持った男の子を折り紙で再現しようとした際、16個の展開図が生成されました。この中には、閉じた木構造があります同図(b)。その部分にフォーカスしてみます。

(b)の展開図から木構造を示してみると、閉ループがあることが分かりました(c)。そこで、(d)のように2つに分割します。分割した小さい方の展開図を最適箇所に接続すると、(e)のように開路させることができます。

こうした実物の3次元データの生成から展開図を作成し、ロボットでも折れるように展開図を変形させることで、折り紙だけでなく金属などの硬い素材が折れたり、複雑な構造の折り畳みの効率化が図れるようになると注目されています。

図3 閉木構造から開木構造への変換

(a) 2次元展開図

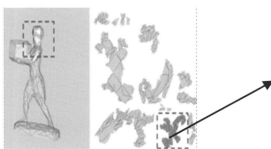

(b) 閉路を有す一部展開図

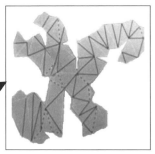

(c) 木構造を生成して閉路の確認

(d) 閉路部分を2つに切断

(e) 切断部をしかるべきところに接続し開路のみの展開図の生成

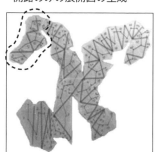

折り紙を折るロボット

　折り紙の産業化には、ロボット、その名も折紙ロボットは必須になります。そこで、レゴブロックをベースに、紙の折り畳みと糊付けを自動で行うロボットを作りました（図1）。

　折り畳みロボットにはローラーと側面に押し器（ハンドル）を取り付け、アコーディオン型に折り畳めます。糊付けロボットには、3つの指を取り付けました。その指が糊しろに紙を誘導し糊を貼付し接着します。

図1　レゴを用いて作成した折紙ロボット

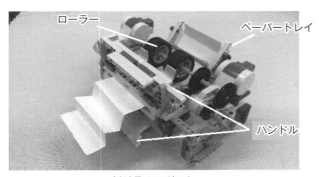

折り畳みロボット

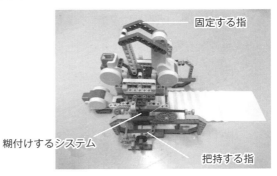

糊付けロボット

図2 折紙ロボットによる作成例

(a)

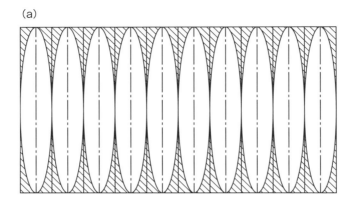

(b)

折り紙の自動化

　具体例として、**図2**を示します。同図(a)の斜線部分は糊しろ、──は谷折り線、─・──・─は山折り線を表しています。折紙ロボットの手に掛かると、この展開図から(b)を作成できます。紙を折るところから糊付けまで一貫した操作を行った結果です。折り紙のようにできあがったと思います。
　この工法では形状によりますが材料は基本的に何でもよく、前処理を施すことで金属などにも適用させることができます。詳しくはチャプター1の7で述べます。ここ

でいう前処理とは、薄い紙では折れ線をボールペンでなぞったり、硬い材料の場合は折る前に折れ線上の板厚を2分の1程度にするなどして折れやすくすることです。

　器用さの点で人より劣るロボットでも、折り曲げ加工中心で、また木構造の開ループを得た2次元展開図をもとにすると、折り紙が作成できるのです。

金属を折るには

　ただし、金属を折る場合は折紙ロボットの形態を変える必要があります。どのような工夫が必要になるのか、関連する研究例を見てみましょう。

　例えば、双腕ロボット。金属の設計形状に応じてマニピュレータ（人の腕や手に似せて作られた機械装置）の動きや、マニピュレータの持ち替えの自動化が検討されています。これまでは曲げる角度が変わるたびに金型を変える必要があり、コストと時間がかかりました。

　この問題を解決するための新加工法として、金型を使わずに熱変形を利用するレーザフォーミングや、曲げ部に衝撃波を誘起して塑性変形させるレーザピーンフォーミングなどがあります。ただし、これらの手法が適すのは薄い材料だけです。

　これに対して近年、人が両手で紙を折るようにロボットが折れ線に沿って材料を折るという、新しい折紙成形手法の開発が進んでいます。人の手のように柔軟性が高く、少ない工具でさまざまな形状に対応することができますが、コピー紙や段ボールなどの柔らかい材料にしか対応できません。

　残された課題は、ロボットのハンドの把持力です。アルミニウム合金は鉄より成形性に劣り、曲げ部に破断が生じることが多いので、そうした破壊の予測と最適化の検討が必要となります。

　グレゴリー・ペック氏らは工作機械の一種、CNCフライスで折り線部分の板厚を少し削って薄くすることで溝を作り、2本の腕を持つ折紙ロボットによる曲げ加工法に取り組んでいます。押し込みによる成形と比較しますと、CNCフライス技術によって溝の断面を高精度で加工できるので、折り線の設計自由度がより広がります。グレゴリー氏らのロボットはアート分野で応用されています。

高まる折紙ロボットの性能

設計通りに製造されることが要求される機械製品向けに、教師ロボット(あらかじめ決められたルーチンに沿って挙動するロボット)の開発に取り組んでいます(**図3**)。

まず、ロボットハンドの把持方法や荷重のかけ方をシミュレーションで再現し、目的の形状が作れることを確認します。そして、計測カメラでロボットハンドの動きを観察し、シミュレーションで得られた軌跡などと比較します。教師の方法などにフィードバックし、精度アップを図ります。

硬い材料であるハイテン材のトラスコアを対象に、折紙工法の教師データを作るために解析技術を開発しました。その結果、これまでのプレス成形法では得られなかったコア高さの高いトラスコアの成形が可能になりました。折紙ロボットの有効性はますます高まると期待されます。

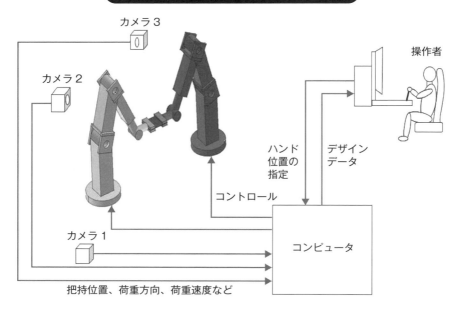

図3 双腕折紙ロボットのコンセプト

07
金属素材も折れる
折紙式プリンター

　1枚の板材から「オクテット・トラス形コアパネル（トラスコアパネル）」をプレス成形で得る方法では、アスペクト比、つまり底面の大きさに対するコア高さに限界があります。例えば、電車の床材にトラスコアパネルを応用する場合、剛性の高さが要求されます。トラスコアパネルは剛性は満足するのですが、同時に遮音特性や遮熱特性も求められ、これにはアスペクト比を高くした性能向上が求められます（トラスコアパネルの成形法についてはチャプター4の27で後述）。

コアを作る

　そこで、寺田耕輔氏とともに折紙工法の開発を進めました。**図**で説明しましょう。
　まず、トラスコアパネルを構成する正四面体や正八面体半分のコアの展開図を設計します。使用する板材の厚さや材質、コア形状、配置などの情報をもとに、構造パネルの剛性について有限要素法などによる解析で事前評価を行います。

　同図(a)のコア展開図をもとに、マシニングセンタやNCルータを用いて、(b)のように折り線に板厚の半分ほどの深さの溝を加工します。聞きなれない方へ補足しますと、マシニングセンタとは、コンピューター制御による複合切削工作機械のことです。加工に必要な多数の工具を有し、加工手順に応じてこれらの工具を自動的に交換・加工します。NCルータはNC（数値制御）による精度の高い加工が可能なくり抜き機械です。

　話を戻しましょう。そのほか、穴開けと切断加工の完了後、金具で固定するグリッパー工法を用いて曲げ加工し、コアを組み立てます(c)。(d)のコアを必要なだけ製作し、構造パネルを組み立てます(e)。この工法では工程数が多く、プレス加工法を主体とする量産段階での生産効率は高くありません。

　しかし、量産のプレスで成形できるアスペクト比の倍程度のコアを楽々と自由自在に作り出せること、コアの形状自由度が高くプレス金型が不要であるため、生産

折紙工法の手順(コアを対象にした例)

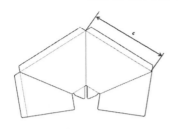

(a) コア展開図

(b) NC ルータでの折り線の溝堀加工

(c) グリッパーによるコア曲げ加工

(d) コア完成

(e) 構造パネルの組み立て

準備期間がほとんど不要で従来のプレス成形では採算的に対応できない多品種少量生産にも適用できることなどが、利点として挙げられます。

曲げ加工で多種多様の寸法形状のコアを大量生産し組み立てれば、正三角形からなる正四面体と正八面体を用いた平行菱形六面体を構成して空間充填することで、曲面形状のトラスコアパネルも可能となります。

加工時の課題と克服

三角錐型コア曲げ加工においては、所定の曲げ角度に精度良く加工するためにスプリングバック（材料を曲げた際、圧力を除くと材料の変形が元に戻ること）など

を抑制する必要があります。この課題を解決するには、加工時の「決め押し」と「溝掘り」が重要です。

三角錐型コア曲げ加工における決め押しについての筆者らの研究(10)では、素材板厚圧下のための加圧設備、およびそれに伴う治工具類などの設備が必要となります。これに対して、溝掘りに必要となる設備は、マシニングセンタやNCルータ、フライス加工などで、前者と比較すると設備は簡便です。また、折り線部の溝掘りにより薄肉化された部位は曲げ加工しやすく、曲げ戻しによって所定の曲げ角度範囲以内にスプリングバックを制御できます。

しかし、溝掘りの溝寸法（深さ、幅）や溝形状（矩形、半円、楕円など）によってスプリングバックは変化するため、求められる曲げ戻し要領も異なります。

製造したコアの合わせ面の接合法としては、①溶接②ボルトナット③リベットなどが挙げられます。①溶接はレーザやアークがありますが、接合後の熱変形や設備費の高さなどの問題があります。②ボルトナットの設備費はほとんどかかりませんが、作業時間がかかることと、裏面にナットをセットする作業空間がない場合も考えられるなどの欠点があります。

これに対して③リベットは、設備費も安価であり、かつ裏面からの作業を要しない利点があります。従って、ここでは接合法としてリベットを採用しています。

ロボット技術との組み合わせ

この工法の実用化には、ロボット技術が有効です。チャプター1の6の折紙式プリンターで使用する「折紙ロボット」と共有を目指して開発中です。ロボット動作に関するシミュレーションソフトは産業技術総合研究所が開発した「Choreonoid」やRobofold社が開発した「RobotsIO」など多数あります。しかし、従来のものではロボットのグリッパー（把持）による加工時のスプリングバック、割れ、しわなどの予測と、その対策動作は考慮できていません。

この折紙工法では、薄紙から金属まで同様の方法で得られます。薄紙を対象にする場合、折紙工法は折紙式プリンターで使用されるロボットと同じとなります。ある程度硬いものですと、双腕ロボットが有効です。

Chapter 2
折り紙が学問になる

日本発の学問「折紙工学」

ここまで身近な折り紙がいかに発展し、産業化に向けた技術進歩を遂げている途中であるかを説明してきました。繰り返しの説明になりますが、折紙構造は軽くて強く、折り畳むことでの収縮と、開くことでの展開という特性があります。こうした特性を活かし、産業に発展させる研究はさまざまな分野で進められています（図）。

折り紙を学問として捉える「折紙工学」

折り紙を科学的に紐解く学問として、2002年に野島武敏氏が「折紙工学」を提唱しました。折紙工学は、折紙構造の創出と応用力学や計算力学、計測技術との組み合わせによる総合科学という点が特徴です。

折紙工学の提唱以降、日本応用数理学会、日本機械学会をはじめとする学会で折紙工学の研究テーマが発表されています。このように折紙工学が人々の目に触れる機会が増え、アカデミアとして取り組む人口も増加しています。

世界から注目される学問

日本発の折紙工学は、米国に大きな刺激を与えました。2012年に米国立科学財団（NSF）が折り紙の研究テーマに対して補助金を設けたことも後押しとなり、折紙工学の研究者が急増しました。2014年8月に東京で開催された「第6回折り紙の科学・数学・教育国際会議（6OSME）」では、登録者数が日本人と米国人でほぼ拮抗していたほどです。日本で開催したにも関わらずです。

また、中国でも政府を中心に折紙工学の研究を促進しています。折り紙の可能性がどこまで広がるか、またその技術を航空宇宙分野や防衛分野などにどのように活かせるか、といった部分が注目されているようです。

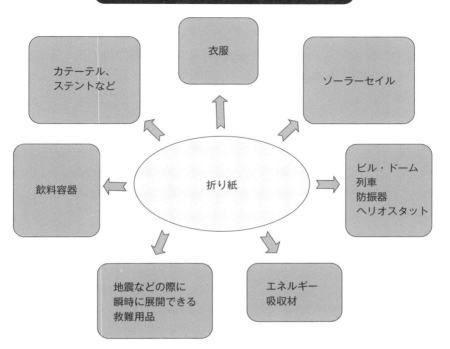

ハニカムコアの発明

「ハニカム（Honeycomb）」とは英語で「蜂の巣」を意味します（**図1**）。同じ形の立体図形（セル）を隙間なく並べた構造体を「ハニカムコア」と呼んでいます。蜂の巣と同じ六角形のハニカムコアは軽量かつ強度が高く、そして防音効果もある、といった利点があります。そのことについて、ギリシャ・ローマの時代から何となく人類は分かっていたようです。ですが、「なんとなく」という感覚だけでは、産業にはなりません。産業化には「大量生産」が必要な考えであり、その大量生産方法には容易に気づかなかったのです。

第二次世界大戦で注目される

第二次世界大戦時、航空機の軽量化を目指した英国における研究開発の1つの成果がハニカムコアでした。第二次世界大戦後に、ハニカムコアが日本に伝わってきました。

蜂の巣をいくら観察しても容易に大量生産方式は見つからなかったそうですが、**図2**の日本の七夕の網飾りにヒントを得て、蜂の巣形状のハニカムコアが開発されたそうです。その時の製造法が**図3**の展張式や**図4**のコルゲート式です。

展張式とコルゲート式、そして折紙工法

展張式によるハニカムコアは、平らな紙に互い違いに接着剤を塗布し、縦方向に伸ばして製造します。しかし、紙が薄い場合、伸ばす際に接着部分ではない壁が倒れてしまう問題があります。

コルゲート式は、セル形状を半分の形に折る、またはプレスし、それを節で接着して製造します。この製造法はセル形状にプレスする際、専用の機械装置（コルゲートロール）が必要になり、加工コストは高価になります。

そこで、2003年に野島武敏氏らが、折り紙と切紙の手法を取り入れた折紙工法ハニカムコアを開発しました（**図5**）。同図(a)のように、適切な箇所に切り線を入れ

図1 ハニカム

図2 七夕網飾り（天の川）

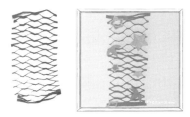

図3 展張式

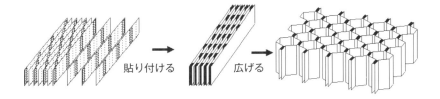

貼り付ける　広げる

図4 コルゲート式

重ねる　貼り付ける

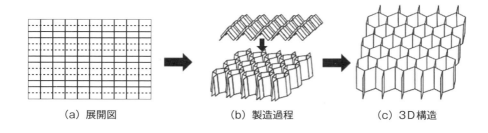

図5 折紙工法ハニカムコア
(a) 展開図　(b) 製造過程　(c) 3D構造

た1枚の紙から折り曲げのみで立体化させるため、安価に製作できます。現在のハニカムコアの中心工法は展張式ですが、基本的に均一断面の平板しか作れません。折紙工法ハニカムコアは、断面形状の自由度を広げることが可能になります。

折紙工法の特徴

斉藤一哉氏は、アルミ箔に最終形状から逆算した切り込みを加工し、それを波形に成形してから、折り曲げとカシメ工程を経て可変断面コアの製作に成功しています（図6）。この折紙工法ハニカムコアは、下記のような特徴を持っています。

①可変断面化
　コアの厚さを順次変化させて曲面化することが可能で、曲面、テーパー断面（先細り）、翼の断面形状などのハニカムコアパネルの製作が可能です。

②オンデマンド対応
　展張式では大規模な製造装置が必要になりますが、折紙工法では比較的小規模な装置で済みます。断面変化対応の自由度は大きく、要求にあった形状のパネルをオンデマンドに製作でき、結果として短時間で安価に提供できます。

　一方で、板厚の薄いアルミ箔を折り曲げるため剛性が極めて低く、途中段階では機械的保持が難しく、高い加工精度が必要とされるなど、高度な自動化技術が要求されます。

　こうした課題解決のため、折り曲げと同時に接合できるカシメ構造を中心とした新工法も斉藤氏らによって考案され、自動化装置の開発も進められています。また現在、風力発電や潮力発電用の翼、建築用パネルの実用化が検討されています。

図6 曲面折紙ハニカムの一例

（提供：斉藤一哉氏）

自然界にあるハニカムコアは
こんなに強い構造なのか

国際語となった「切紙（kirigami）構造」

　自然界の物質にはない振る舞いをする人工物質は、メタマテリアル（metamaterial）と称されます。挙動領域の大きな折紙構造は、メタマテリアルの宝庫としても注目されています。

　また、切紙構造は折紙構造よりさらに挙動領域が広く、メタマテリアルの"真に創生の宝庫"となっていて、英米に切紙構造ベースメタマテリアル創生の二大拠点（英・ブリストル大学、米・マサチューセッツ工科大学とハーバード大学のグループ）ができています。これら二大拠点においてはともに、チャプター2の9の図6のベースとなった野島武敏氏や斉藤一哉氏の技術をベースとしています。

　しかし、これらの技術では、CADデータやSTL（Stereo Lithography）データをそのまま使用できず、図1(a)に示すような複雑な構造となると、同図(b)のように構造物を「a、b、c、d」などに分けて表現する必要があります。

　従来の方法では、ハニカムコアは芯材を上下面で接合するサンドイッチ構造にすることにより、曲げ剛性の向上やせん断剛性の獲得を目指すため、まず上下面の定式からスタートしています。これにより、全ての対象構造は、各セルが上下面平行の一定断面、凸型、テーパー型（セルの厚みがハニカムセル伸長方向に対して線形に変化するもの）、非凸型の4種類に分かれますが、非凸型では1枚続きの展開図からセルを作成することができないため、同図(b)に示すように分割して製造されるわけです。

　一方、筆者らは、任意構造のCADデータやSTLデータをそのまま使用し、任意のハニカム構造で対象構造物を覆い両者の交点から任意の構造のハニカムの芯材を得るという新しい定式を試みた結果、同図(c)に示すように一続きの切紙ハニカム構造が得られています。これは大変注目され、関連の英論文[11]は、エルゼビア材料部門2023年4、5月のダウンロード数1位という結果を残しています。

　図2は上下面間に含まれる複雑な構造の再現も可能なことを初めて示したものです。図3はハニカムセルの各柱方向を各面の垂直にできることを示したもので、今

図1 切紙構造

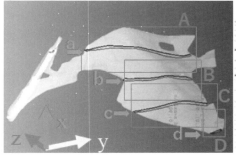

(a) 自動車の内装材

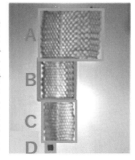

(b) 従来の技術で得られる切紙ハニカム構造

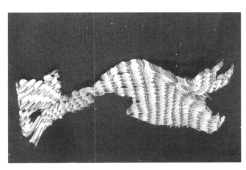

(c) 新しく開発した技術で得られる、一続きの切紙ハニカム構造

図2 切紙ハニカムによるスタンフォードバニー

上下面間に含まれる複雑な構造の再現も可能

図3 切紙ハニカムによる自転車用ヘルメット

ハニカムセルの柱方向を各面の垂直にしたもの

後のメタマテリアルの1つの方向を表したものです。より広範なメタマテリアル創生に寄与できればと期待しています。

> 切紙構造の応用の広がりには、期待が高まるね

11

ハニカムコアに勝る可能性の キュービックコア

　ロケットの打ち上げ時、エンジンの爆音によって壁面が大振動しロケット内にも爆音をもたらし、搭載された高価な人工衛星などを破壊してしまう恐れがあります。ハニカムコア（以下、Hコア）は重量当たりの曲げ剛性が最も高く、壁に貼ることにより振動を抑えることに利用されます。このように利用されるHコアは数兆円産業となっています。

　タワーマンションなどの高層ビルの床の面積は相当な広さがあります。平板は広ければ広いほど剛性が弱くたわんでしまいます。Hコアは等重量で平板の7～8倍の剛性を有しますので、床構造には打ってつけです。

　しかし、Hコアの芯材自体、そして芯材と上下面平板との結合は糊付けでなされますので、火災時には無力となります。したがってHコアだけで床構造とすることは危険で、せっかくの高剛性にも関わらず、現在では床構造などでは補助的にしか利用されていません。

　そこでHコアの代わりに、**図1**に示すキュービックコア（以下、Qコア）の大量生産方式を筆者（萩原）らが考案しました[12]。まず、同図(a)のように平板上において、左右と上下方向に1つ置きで正方形の穴を開けます。次に、(b)のように各正方形の辺を折り曲げて、(c)に示すQコアを得ます。最後に、(d)に示すようにQコアの上下両面にそれぞれ面板をレーザー溶接などで接着します。

　比較検討のため、同じ寸法のQコアパネルとHコアパネルを**図2**[13]に示すようにI字型等価断面に簡略化します。

　面板と芯材を構成する板材を同じ板厚tとします。図中の点線に示すように双方の竪壁の数nが同じなので、双方のI字型等価断面の中央部幅はntとなります。Qコアの正方形端面が面板と密接に面接着しているため、Qコア面板の半分の板厚は2tとなります。そのためHコアパネルのI字型等価断面の面板の板厚tに対して、QコアパネルのI字型等価断面の面板の板厚は1.5tと近似できます。

　これらのことから、Hコアパネルに対するQコアパネルの断面二次モーメントと体

図1 キュービックコアパネル構成過程の概念図

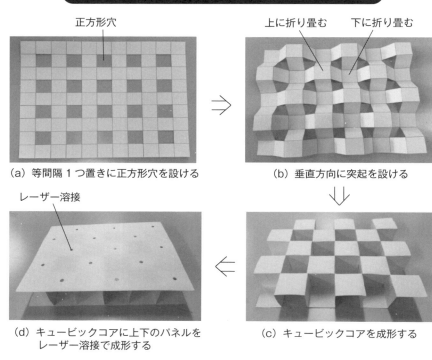

(a) 等間隔1つ置きに正方形穴を設ける
(b) 垂直方向に突起を設ける
(c) キュービックコアを成形する
(d) キュービックコアに上下のパネルをレーザー溶接で成形する

積の増加率を**図3**[13]に示します。横軸はパネル厚さと幅の比h/bです。ただし、板厚は1.0mm、QコアパネルとHコアパネルのコア数を同じとします。

図3により、パネルの厚さと幅の比h/bが大きくなるに伴い、断面二次モーメントと体積の増加率はほぼ線形的となり、断面二次モーメントの増加率は体積の増加率より大きく常にQコアの方がHコアより重量当たりの曲げ剛性が大きいことが分かります。

さらに、上下面と芯材との結合ですが、上述のように、Qコアの面結合に対しHコアの場合は、図2に示すように線結合であり、長時間振動やせん断力を受ける構造には利用できないという課題も、Qコアが解決することを期待できます。ただし、Hコアでは各コアが接続しているのに対し、Qコアの場合は各コアは離れており、荷重条件によってはQコアが不利となるケースも予想されます。これも、簡単な補強で対応可能であり、今後のQコアの高領域での活用が期待されます。

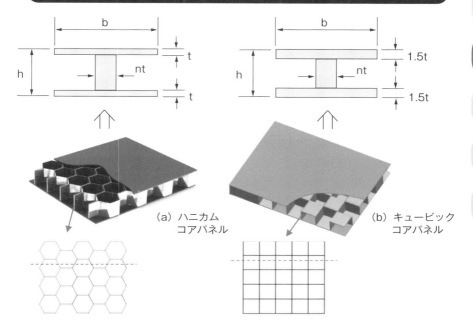

図2 ハニカムコアパネルとキュービックコアパネルの等価断面

(a) ハニカムコアパネル

(b) キュービックコアパネル

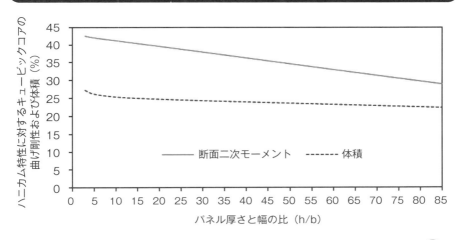

図3 ハニカムコアパネルに対するキュービックコアパネルの曲げ特性比較

断面二次モーメント　------ 体積

パネル厚さと幅の比（h/b）

ハニカム特性に対するキュービックコアの曲げ剛性および体積（%）

折り紙が学問になる

12

バイオミメティクス折り紙①
昆虫に学ぶ

ハネカクシの後ろ翅の折り畳み

　自然界の中でも昆虫の翅の獲得は4億年前からといわれているくらい長い歴史を持ちます。クジャクの翅の1枚1枚はそのままの形で、全体が小さくなる扇子のような仕組みで展開・収縮がなされています。それに対して、長い翅を小さく畳んで収納する構造をもつ昆虫について20世紀初頭から昆虫学者たちによって研究されてきましたが、近年、生物模倣工学（バイオミメティクス）の観点から多くの研究がなされています。しかも簡単な構造で実現されていることが判明し、昆虫の驚くべき一面を知ることとなりました。

　例えば、斉藤一哉氏らの研究[14,15]によると、ハネカクシは他の甲虫に比べ後ろ翅を小さい収納スペースにうまく小さく折り畳むことができます。図1の場合、最初に右側の翅を左側に寄せながら折り、次に前翅（上翅）と胴体とでこれらの2枚の後ろ翅を挟むようにして、前翅の縁を使って折り目を付け、前翅を持ち上げて空間を作って胴体で押し込み、この操作を繰り返して小さく畳んで前翅の下に隠しています（このような特技から「ハネカクシ」と呼ばれているようです）。

　しかも、左右2枚の翅を非対称に折り畳む時、左右の役割を入れ替えて、左側の翅を右側に寄せて折り畳むことができる、すなわち、左右両方に可能な折り目をもちながら、随時、どちらか一方の折り方で折り畳むという離れ業をしています。

　現実の翅は平面的ではないし、展開・収縮には柔軟性をそなえた弾性変形が行われるとしても、そのメカニズムを理解するには、翅の展開図や折紙モデルは折り畳みのパターンを視覚的に表現できるので、翅の変形を理解するのに大変役立ちます。

　図2は展開図による折紙モデルで折り畳みを確認したものです。

図1 ハネカクシが後ろ翅を折り畳む様子

(提供:斉藤一哉氏)

図2 ハネカクシの後ろ翅の展開図と折紙モデル

展開図

折紙モデル

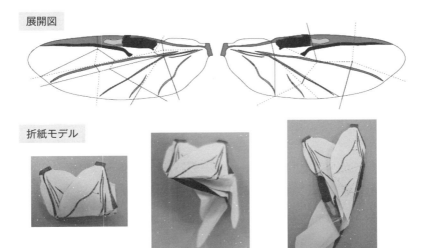

(展開図提供:斉藤一哉氏)

テントウムシの後ろ翅の折り畳み

　斉藤氏らのもう1つの新しい研究成果[16]はテントウムシの翅の折り畳みの解明です。テントウムシは飛翔が得意で、一瞬にして後ろ翅を展開して離陸して飛び立っていきます。この高速展開には折り畳まれた状態の翅を一挙に展開する復元力が翅に備わっていることは知られていましたが、どのようにして長く伸びた後ろ翅を収納するのかはずっと不明でした。というのは、この長い後ろ翅は七星の模様のある鞘翅の内側に収納されるのですが、先に鞘翅が閉じてから後ろ翅を折り畳んで収納するために、外部からその様子を観察することが不可能だからです。

　それを、透明な人工の鞘翅に置換し、後ろ翅の折り畳みを可視化し観察することに成功したわけです（**図3**）。それによると、テントウムシは自分の体の一部分、例えば鞘翅のエッジを上手に使って、折り目を翅に付けて畳み込んでいくことが分かりました（**図4**）。**図5**は折紙モデルによる確認です。

　この研究成果は人工衛星用大型アンテナの展開やミクロな医療機器、あるいは形状変化機能をもつ種々の製品の設計や製造に応用されることが大いに期待されています。

図3　実験用に透明な人工鞘翅をつけた七星テントウムシ

（提供：斉藤一哉氏）

図4 七星テントウムシの後ろ翅の折り畳み

①

②

③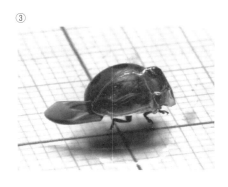

④

(提供：斉藤一哉氏)

図5 七星テントウムシの後ろ翅の展開図と折紙モデル

展開図

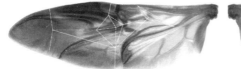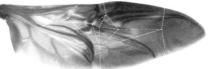

折紙モデル

（展開図提供：斉藤一哉氏）

13 バイオミメティクス折り紙②
植物に学ぶ

　多くの植物にはらせん状の模様があります。植物の茎や葉、花などは小さな成長点から派生し、新しい組織は中心から外側に向かって成長します。この新しい組織は「原基」と呼ばれます。直前に出てきた原基と一定の角度を保つため、らせん模様ができるのです。

　このらせん模様は右回りと左回りの等角らせんからなり、そのらせん数はフィボナッチ数列（0、1、1、2、3、5、8、13、21、34、55…）の連続する2数の組み合わせで構成されています。例えば、サボテンのらせん数は13と21、パイナップルは5と8が基本です（**図1**）。

図1 パイナップルのらせん

ちょっと解説 フィボナッチ数列

イタリアの数学者フィボナッチに因みます。フィボナッチ数列は0、1、1、2、3、5、8、13、21、34、55…と続きます。最初の項0と2番目の項1を足すと1になります。3番目の項が、0+1の答えである1になります。次に、2番目の項1と3番目の項1を足して2になります。先ほどと同じように、この答えが4番目の項になります。3番目の項1と4番目の項2を足して3と、このように前の2つの数を足すと次の数になる数列です。

つぼみと折紙構造

つぼみは植物の内部に折り畳まれた状態で収納されています。規則正しく波板状に折り畳まれるイヌシデタイプ、らせん構造の中に薄い5枚の花弁が巻き込まれる朝顔タイプ、和綴じの本のように折り畳まれているペチュニアタイプがあります。この中から、朝顔のつぼみについて野島武敏氏と小林秀敏氏がともに異なる観点から論じていますのでここで並べて紹介しましょう。

野島氏は朝顔のつぼみの巻き取りのモデル化とその一般化を、次のように説明しています。

まず、図2(a)のような正六角形の展開図を考えました。中央の周りの二等辺三角形がリブ、折れ線のある部分が花弁部です。同図の山・谷折り線で展開図を折ると、同図(b)のようになりらせんの模様が表面に現れません。

そこで、(a)の二等辺三角形のリブを不等辺三角形にして(c)のアルキメデスらせんの展開図を作り、それをベースに折りますと見事に(d)のような朝顔のつぼみが再現できます。

なぜ、朝顔は等角らせんではなく、アルキメデスらせんを選択する戦略をとっているのか。それは、等角らせんはゆったりと広い範囲を使って巻き取るのに対して、アルキメデスらせんは隙間なく、かつ巻き取る際に小さなスペースで良いので、高効率な収納法を朝顔は選択したということです。

小林氏の研究は、朝顔の円錐形のつぼみの底辺が、なぜ五角形なのかを説明する、花弁展開モデルを作成しました。花弁数の異なる場合の花弁の巻き込み面積に着目すると、五角形の場合が展開に要するエネルギーが最も小さいことが分かりま

した。このことから、朝顔の多角錐の辺数は5であるとしています。

　このように植物の形状には意味があり、それを再現する折紙構造はすばらしいものになることが期待されます。その意味でバイオミメティクス折り紙の折紙工学への貢献は非常に大きいです。

図2 朝顔のつぼみの展開・収納モデルの折り線図と収納後の様子

(a)
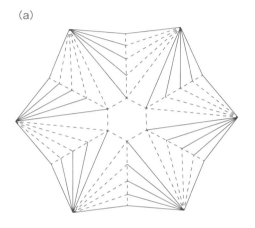

(b)
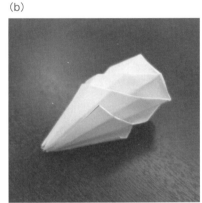

(c)
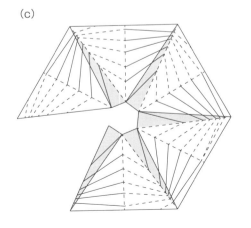

(d)
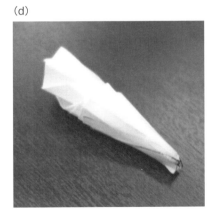

14 折り紙の数理を用いた デザイン

円形膜のデザイン

宇宙での応用を考える時、小さく巻き取ることのできる円形や多角形膜のデザインが重要になります。図1はよく知られているものですが、この巻き取りでは、巻き取った後の収納形は上から見ると円形になりますので、自然に広がろうとするのを防ぐためには止める装置が必要です。また、素材は平坦から曲面まで変化できる、十分に柔軟な材質であることが要求されます。

この制約を緩和する数理的なデザインが1960年代頃から開発されました(17)。その後、野島武敏氏によって、「等角らせん」という数学の理論を用いたデザインが

図1 円形膜

完成形

斜めから

上から

展開図

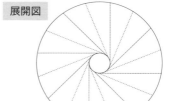

制作段階

巻き取る

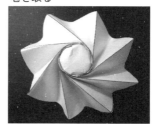

考案されました[18]。それは後に、等角写像の概念を用いて統一的にまとめられました[19]。

等角写像

　等角写像というのは、ざっくりいえば、2本の直線のなす角度を変えないように平面上の図形を移すもので、合同変換（平行移動、回転、線対称）や拡大縮小の他に、解析関数の理論を使うと、複数本の平行線を同心円周や放射線に移すことなどができます。さらに直線をらせんに移すことも可能です。

等角写像を用いた円形膜

　等角写像を用いた円形膜の設計の場合、直線をらせんに移すことができ、さらに折り畳み条件を勘案して工夫すると、巻き取った時の形状を円形ではなく四角形や五角形などの多角形に変えることができます。

　図2は対数・指数関数を用いた例で、四角形にきれいに折り畳まれます。この設

図2　等角写像で互いに移り合う展開図の例

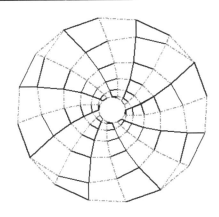

（石田祥子「数理的手法に基づいた折り畳み可能な構造の展開図創出に関する研究」
2014年3月より引用）

53

図3 等角写像を用いた四角形に巻き取られる円形膜

完成形
④斜めから

①パターン付き円形膜

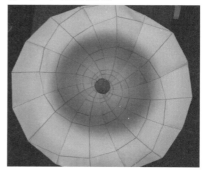

⇓

③上から

⇑   ⇐

②収縮

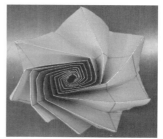

（考案：野島武敏氏）

計にもとづく折紙モデルは**図3**に示すような動きをします。①折り線のパターン付き円形膜、②収縮していく様子、③上から、④そして斜め上から見た写真となります。先ほど述べたように、円形膜を四角形に分割して展開図を作成していますが、きれいに畳まれるための数理的条件を計算によって求め、四角形の形を補正しています。

このデザインの特記すべき優位な点は複数あり、1つ目は巻き取られた状態がほぼ平面的な面の集まりになっているため、折り目をしっかりと入れておけば、あまり広がらない構造であること、2つ目は各パーツの四角形の動きがあまり丸みを帯びることがないことから、素材に求められる柔軟性が緩和されることです。一方、パーツの個数がかなりの数になるのでパーツ同士の接続を工夫する必要はありますが、外側だけを利用する応用ではパーツ数を少なくすることなども考えられます。

15 骨付きの蛇腹折り紙としての日本伝統の扇

　扇は、扇絵を蛇腹折りした竹骨付きの折り紙と考えることができます。2次元の扇絵に竹骨を挿入し、3次元の扇にします。この扇を広げると、紙は戻ろうとし、竹骨は広がろうとします。その結果、扇絵の円弧の中心から、扇の円弧の中心である扇の要点はずれてしまい、扇面は歪み、扇絵上で真円でも、扇上では楕円のようになります。

　江戸時代には優れた絵師が多く輩出されましたが、その多くは扇に携わったとされています。絵師らはこの歪みを巧みに利用し、登場人物の目線を合わせて和やかな雰囲気をもたせたり、目線をずらして怒りをぶつけるような雰囲気を持たせたりしています。また、見る角度により風景が異なることを利用し、登場人物の進む方向を演出したりしています。

　江戸時代の扇の骨数は10～13本とのことです。骨の数や骨の長さにより、歪み方が異なります。それを考慮して、適切な構図を作成することは容易でなかったに違いありません。

　例えば、**図1**の左上にある、葛飾北斎による浮世絵「冨嶽三十六景―神奈川沖浪裏」をそのまま扇にすると、同図左下のように裾野が歪んだりします。このように裾野が歪まないようにするには、どのようにすれば良いでしょうか。それを検討してみましょう。

　図2左側に扇絵を、同図右側に扇を広げた時の様子を示します。扇絵における円弧の中心点Oと扇の中心点（要点）O'との距離Cはゼロではなく、各セクションは歪んだ曲面となります。扇骨が短い場合には、右側に示しますように O'はOの上にありC＞0です。この場合は、各セクションの上側が引っ張られた状況となり、これを利用し、まず中央セクションの各点の座標値を求めます[20]。逆に扇骨が長い場合は、O'はOの下にありC＜0です。この場合は、各セクションの下側が引っ張られた状況となり、これを利用し中央セクションの各点の座標値を求めます。

　次に中央面以外のセクションは中央面に一旦移動させ、中央面と同様の手順で

図1 扇が広げた時でも絵が歪まないようにする技術

浮世絵の一部分を扇型に切り出す

歪みを考慮した扇絵

そのまま扇にすると歪む

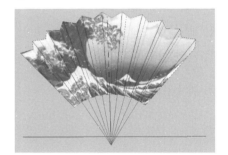

扇絵を変換しておいたので歪まず

図2 扇絵の正面図(左)と骨を挿入した扇のx-y平面投影図(右)

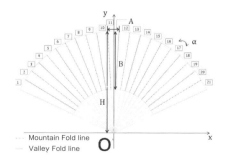

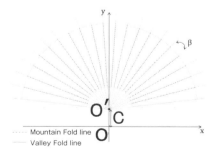

各点の座標を求め、元の位置に戻して座標値を求め直します。このようにして得られた歪みの妥当性は、江戸時代の製法の手順で実物の扇を作り、確認します。

このようにして得られる歪みの式を利用し、あらかじめ扇絵を変換しておけば、図1の右下のように、扇を広げた時でも歪まない画像が得られます。

見る角度によって景色が異なる例として、図3に扇と俳句、図4に扇と短歌のコラボレーションを示します。

図3は松尾芭蕉の俳句「古池や蛙飛びこむ水の音」を描いています。右から見れば「古池」が、左から見れば「蛙飛びこむ」姿が現れます。図4は小倉百人一首の一首を取り上げています。左から見れば「ホトトギス」、右から見れば「ひっそりと残っている月」の姿が現れます。

扇を契機に、シートと骨組が組み合わさった新しい折紙工学をスタートさせ、扇と俳句や短歌のコラボレーションという新しい文化・文芸の創出展開を目指した研究もスタートさせています。

図3 扇と俳句のコラボレーション例

正面

古池や
蛙飛びこむ
水の音

　　松尾芭蕉

左から見ると蛙

右から見ると古池

図4 扇と短歌のコラボレーション例

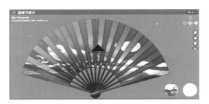

正面

ほととぎす
鳴きつる方をながむれば
ただありあけの
月ぞ残れる

後徳大寺左大臣

左から見るとホトトギス

右から見ると月

見る角度によって
見える絵がちがうのは
歪みを計算している
からなのか

Chapter 3

折り紙を科学する

折り紙の基本折りと基本形の応用

基本折り

　折り紙の基本折りにはまず、山折りや谷折りがありますが、その他に「中割り折り」、「かぶせ折り」、「段折り」、「つぶし折り」などがあります。
　図1に示すように中割り折りは、折り鶴の頭の折り方に用いられているような内側に折り込む方法で、かぶせ折りは洋服の襟のように外側に折り出す方法です（**図2**）。**図3**の段折りは平行な2本の折り目を山折りと谷折りにした折り方で、つぶし折りは折られた2枚の間に指などを入れて開きながらつぶして平坦にします（**図4**）。
　さて、折紙作品に共通する折り方を基本形としてまとめておくと折り手順を説明する時に大変便利です。

折り紙の基本形の応用

　ここでは、折り鶴の基本形、風船の基本形、二艘船の基本形を取り上げてどのような作品がそれぞれの基本形から作製されるかを紹介します。
　折り鶴の基本形は図1を参照してください。風船の基本形は、図4のつぶし折りを裏返してもう一度折った**図5**の形です。ちなみに、風船の基本形は英語では「water-bomb base」と日本語とはまったくニュアンスの異なる名称で呼ばれています。英語圏の人にその理由を尋ねたら、展開図がおもちゃのwater-bomb（水の爆弾）の水が飛び散る様子に似ているからではないか、とのことでした。
　二艘船の基本形は**図6**で示すように、左右の辺を中央線に合わせるように折ってからつぶし折りをしますが、上下の辺を中央線に合わせて折り目をつけ、さらに対角の折り目を付けてからもう一度戻して折る方が折りやすいです。
　では、折り鶴の基本形からどんな作品が出来上がるでしょうか。**図7**に掲載したように、バッタ、カニ、車、アヤメ、箱などの作品を折ることができます。

図1 中割り折り

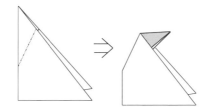

図2 かぶせ折り

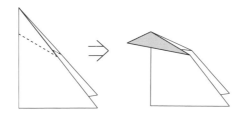

図3 段折り

裏側　　　　　　　　　　　　表側

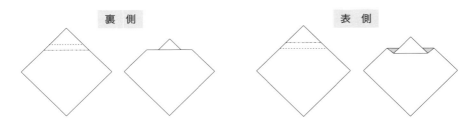

図4 つぶし折り

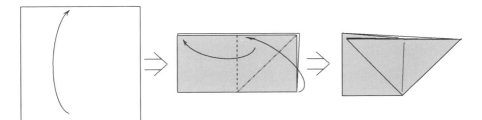

図5 風船の基本形と展開図

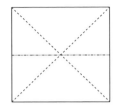

図6 二艘船の基本形と展開図

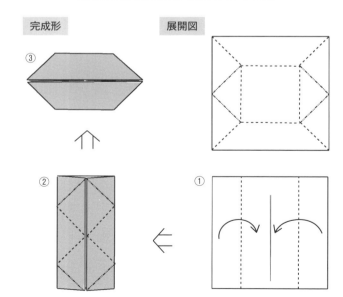

図7 鶴、風船、二艘船の基本形から折られる作品例

鶴の基本形から

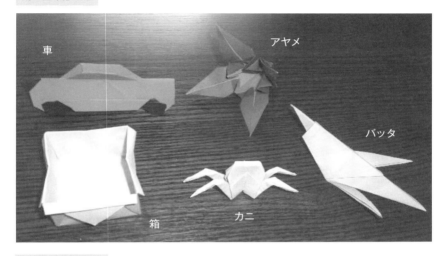

風船の基本形から

二艘船の基本形から

折り紙を科学する

また、風船の基本形からは雪ウサギ、カエル、ロケット、人工衛星などの作品、そして二艘船からはヨット、かわりえ、チョウチョ、テーブルなどの作品が作製できます。

　そして最後に、遊び道具としても楽しめる二艘船の基本形による作品を紹介します。図8はだまし舟の例です。二艘船の基本形から作られ、遊び相手に「帆先をつまんで持って、目を閉じてください」とお願いし、図のように舳先を下に折って、「目を開けてください、どこを持っているのですか、帆先とお願いしたのに」といって不思議に思わせるトリックで、子供たちの遊びとして親しまれてきました。

　ところで、今まで紹介した折り紙は1枚の正方形の「不切正方形一枚折り」と呼ばれています。正方形のかわりに長方形や多角形を用いた折り紙もあります。また、切るということで多様な作品を作ることができます。

図8 だまし舟

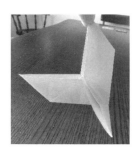

基本形を覚えておくと折り方のパターンが分かりやすくなるね

17 芸術性の高い作品に使われる「ねじり折り」

ねじり折り

　大変大雑把な言い方ですが、紙の中心を持ち上げてねじりながらつぶしたものを「ねじり折り」と呼びます。**図1**はねじり折りの基本形の展開図で、はじめに展開図の折り目の線をしっかりと付けてから折ると作りやすいです。

　本質的な部分の折り方を述べると、正方形の折り紙に2つ折りを繰り返して16個のマス目に折り目を入れ、中央の4個のマス目にダイヤモンド形に山折り線をしっかりと付けます。ダイヤモンドの各頂点から2つの辺に垂直に山折り線と谷折り線を付けながらねじると完成します。

図1 ねじり折り

完成形

16個のマス目に分けてから中央にダイヤモンド形の山折り線を付けて、ねじりながら折ると、中央部分ができる

展開図

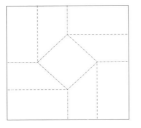
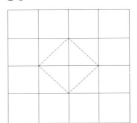

ねじり折りの展開図を鏡映したものを作り、2つを線対称になるように配置すると、やはり平らに折り畳むことができます（**図2**）。さらに4個のねじり折りを配置した展開図に対して、山谷の折り目を一部変えると、**図3**のようなレンガ折りができます。レンガ折りは平織りの一例で、美しいタピストリーの模様を作ることに利用されています。

図4は正六角形から作るねじり折りの基本的な作品の一例ですが、ねじり折りを利用した折紙作品には布施知子氏の無限折りなど芸術性の高いものも多数創作されています。**図5**は川崎敏和氏の創作にもとづくバラの作品例です[21]。

藤本キューヴ

最後に、ねじり折りの応用として、「藤本キューヴ」を紹介します[22]。日本よりもむしろ英国の折紙学会（British Origami Society）で知られたようですが、1枚の正方形の折り紙から立方体が出来上がります。展開図は非常に簡単なデザインです（**図6**）。縦横それぞれ4マスずつに分割するように6本の折り目を入れ、2段目と4段目のマスに平行な対角線を折り目としていれたものです。

これをねじりながら四角柱の形にして、上面を三角に折り畳んで閉じて出来上が

図2 線対称にしたねじり折り

展開図

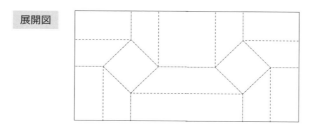

完成形

図3 レンガ折り

制作段階

完成形

展開図

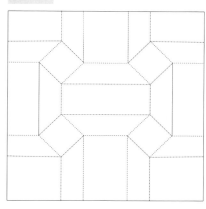

図4 正六角形を用いたねじり折りの例[22]

図5 バラ

（創作：川崎敏和氏）

りです。熟練するとまるで手品のように見せることができることから「藤本マジック」と呼ばれたようです。ちなみに、風船を折ってから、立体形状にして形を整えれば立方体ができますが、完成までに多数の折り段階が必要ですから、一瞬のうちに立体形状にするところが藤本キューヴの魅力です。

　手早く作品を完成させるためには折り手順も重要になります。折り紙の裏側を表にして、①上側半分を線分ABで下側半分に折り重ねる、②重ねた状態で小さいマス目の折り目をすべて谷折りにし、元に戻す、③1番下段を線分CDで折り上げてすぐ上の段に重ねてから、この2つの段の縦線を谷折りし、元に戻し、④斜めの谷折り線を入れる。これで山谷の折り目が完成します。この時に、しっかりと折り目を付けておくことが重要です。そして、⑤上半分を線分ABで折り返し、⑥図7のように、右下コーナーの上下2枚を親指と人差し指でつまんで、互いに離れるように斜めに滑らせていくと、⑦自然に折り目に従って巻き取られていきますので四角柱にして、⑧ふたをするように順番に三角形に折って、最後に折り込むと完成します。

　藤本修三氏の創作による折り紙作品には、他にも藤本リンゴやダイヤモンドの炭素原子の配置モデル（チャプター3の19参照）などもあります。

図6 藤本キューヴの展開図

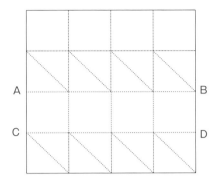

図7 藤本キューヴの製作

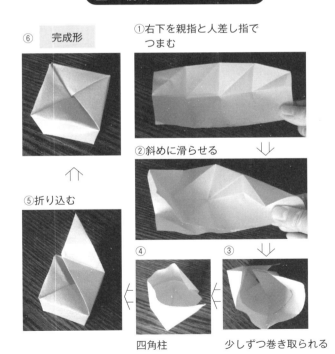

幾何学的な立体を作る「ユニット折り」①
手裏剣

ユニット折り

　1枚の紙から作品を作るという制約を外して、複数のパーツを組み合わせて、主に幾何学的な立体を作成する技法を「ユニット折り」といいます。
　基本的に糊は使いません。多くの場合、各パーツは簡単な折り方ででき、同じようなパーツをたくさん作り、それらを組み込んで立体形状にして完成となります。このように同じ操作を繰り返して、多数のパーツを作るには少し根気が必要ですが、何人かで共同作業しても楽しいですし、1人ですれば、自ずと個性が現れて完成した時の感激もひとしおです。
　最後の組み込みもなかなか手ごたえがあって工夫が必要ですが、出来上がれば対称性のある美しい立体に仕上がるので高い満足感が得られます。

鏡折りと手裏剣

　図1は折り紙の手裏剣の展開図で、**図2**は略式の折り手順です。正方形の折り紙を2枚使い、2つのパーツを組み込みますが、2枚の折り方がまったく同じではなく、鏡映（互いにちょうど鏡に映したような対称な折り上がり）になるように鏡折りをし、最後に組み込む時は同じような折り目を使います[23]。
　まず、①平行な2辺を中心線に重ねるように折り、さらに中心線で谷折りします。②両端について、右下の三角形を斜め上に折り上げ、左上の三角形を斜め下に折り下げ、③さらに平行な2本の谷折り線で折ります。このようにして④の右側のモデルができます。もう1つのパーツとして、これを鏡映した左側のモデルを折ります。最後に、⑤2つのパーツを背中合わせにして、⑥4個の端の三角形を折り込んで出来上がります。

図1 手裏剣の展開図

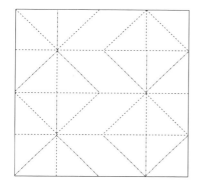
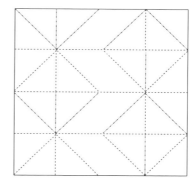

図2 手裏剣の折り手順

完成形

⑥
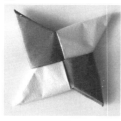

⑤

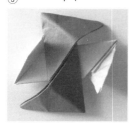

④
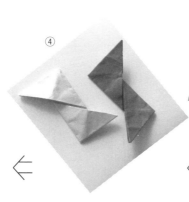

①

②

③

折り紙を科学する

12枚のユニットから作る突起のある八面体

　正方形の折り紙12枚から作るユニット折りの作品で、折り手順は少し複雑になりますが美しい多面体を紹介します。
　通常の大きさの折り紙の場合、3枚使います。それぞれ4つ切りにして、小さい12枚の正方形の折り紙を用意します。12枚の折り方はすべて同じようにしてユニットを作り、これらを組み込むと図3の多面体が出来上がります。
　この多面体は、正八面体の正三角形の各面に三角錐の突起をつけたものです。図3右側の作品は折り紙の表と裏を使ったもので、模様の単位は直角二等辺三角形で、それらが4枚集まって大きい直角二等辺三角形の面を作っています。折り紙の表と裏はちょうど交互に多面体の表面を覆っています。写真左側は表だけを使った場合の作品です。
　ユニットの折り手順は図4の①から⑥ですが、次のようにします。
①折り紙をダイヤモンド形に置き、対角線を折って中心を定めて元に戻し、左右の2頂点を中心に集まるように折ります。

図3　突起のある八面体

②裏返して、さらに中心線に集まるように左右を折って細長くします。
③上下の頂点を長方形になるように谷折りします。
④図③の点Aを点Bに重ねるように折り、同様に、点Cを点Dに重ねるように折り三角形を作ります。
⑤折った三角形をすぐ下に重なっている折り紙の間に差し込みます。
⑥中央に正方形を作るように山折りの折り目を入れ、さらに折り目がZ字形になるように谷折りを入れます。これでユニットが完成します。

なお、折り紙の片側の面だけが現れる作品にする時は、手順の②で「裏返し」をせずに、それ以降はすべて同じ折り方を続けます。

3枚ずつのユニットで三角錐を4個作り、三角錐を順に組み込む

突起のある八面体を完成させるためには、次に、3つのユニットを取り、中央の正方形の左上の点が重なるように配置して、直角二等辺三角形3つの面で三角錐

図4 ユニットの折り手順

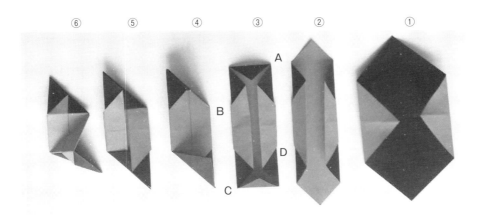

図5 三角錐のパーツの順次組み込み

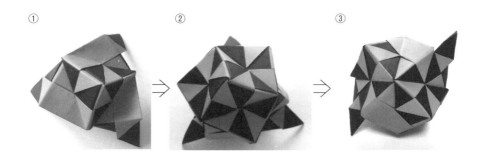

① ② ③

を作るように組み込みます（**図5**①）。このような三角錐のパーツを4個作ります。まず、2つのパーツを組み込むと同図②の作品が出来上がります。パーツを組み込む時に、完成形を念頭に置き、表と裏の三角形の模様が交互になるように組み込むと比較的作りやすいです。

　同様にして3つ目、4つ目（同図③）のパーツを組み込んでいきます。この時、差し込むべきユニットの先端の部分は折って、組み込み可能な時に差し込んでおくと形態を保持しやすく、自然に出来上がっていきます。

19 幾何学的な立体を作る「ユニット折り」②
ダイヤモンドの結晶構造

名刺から作る多面体

　長方形から簡単に製作できる凹み立方八面体（ここでは、立方八面体の正方形の面を四角錐の凹みに置き換えた多面体を指します）のユニット折りを紹介します（**図1**）。欧米の名刺サイズに見られる縦と横の比が１対$\sqrt{3}$の長方形を４枚使います。ちなみに、筆者はこの作品をアメリカの友人から教えてもらいましたが、「とても

図1　凹み立方八面体のユニット折り

①

②

③

④

⑤
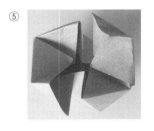

完成形
⑥
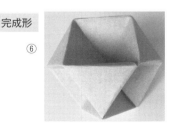

簡単にできる」といって、後手にして手元を見ないようにし、しかも短時間に完成させてプレゼントされ、大変驚きました。

まず、①対角の2つの頂点を合わせて谷折りすると、重なっている部分がちょうど正三角形になります。そこで、重なっている部分の三角形に沿って谷折りします。次に、②開いて元の状態にしてから、長い辺を合わせて中央に谷折り線を入れて、③残りを展開図のように山折り（または、裏返して先ほどのように谷折り）し、④形を整えるとユニットが完成します。⑤これを4個作って組み込むと凹み立方八面体が出来上がります。最後の段階では、一旦組み合わせたものを少し緩めて隙間を作って差し込むと作りやすいです。

名刺で作る正二十面体

日本の名刺の縦と横の長さの比は黄金比、すなわち、1対黄金数 $(1+\sqrt{5})/2$ に近いので、見た目が非常に美しいです。3枚に切り込みを入れて図2②のように

図2 3枚の名刺の組み込み

①
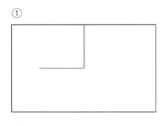

③

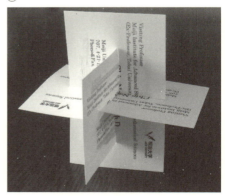

（考案：中村義作氏）

組み込むと、12個の頂点が正二十面体の頂点と同じ配置になります[24]。しかも、正二十面体の頂点を切り取って正五角形に置き換えると、サッカーボールの形状になります（同図③）。

ダイヤモンドの結晶構造

ダイヤモンドの結晶構造に現れる炭素原子の結合モデルを紹介します[22]。ダイヤモンドの炭素原子の結合状況は、正四面体の中心に1個の炭素原子を置いた時、ちょうど正四面体の4個の頂点の方向にある炭素原子と結合します。これを折り紙でパーツを作って空間全体に広がっていく様子をモデルにしたものが**図3**です。藤本修三氏が化学の授業教材として研究して見つけた作品です。

ダイヤモンドモデルの製作には、正四面体とそれらをつなぐジョイントの2種類のユニットを作ります。A4サイズと相似な長方形の紙を使いますが、**図4**は正四面体をA6サイズで作ったものです。

正四面体は同図①のように折り目を入れた後、②のように谷折りをして細長い帯

図3 ダイヤモンドの結晶構造の折り紙モデル

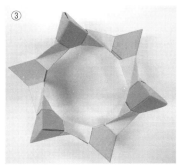
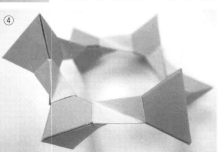

図4 ユニットの展開図

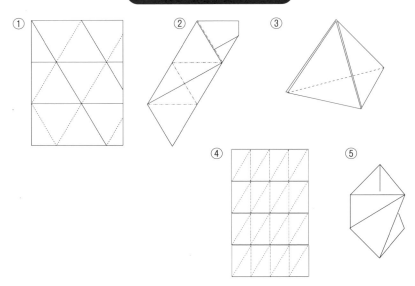

を作り、その後、正三角形の面を作るように谷折りして、最後に折り込みをして③のように出来上がります。

　ジョイントは④のように長い辺を4等分するように折り目を入れ、各帯が正三角形を半分にした直角三角形が8個になるところで余りを切り捨てます。4個の帯に分けて各々を、2個の三角形は糊付け用にし、⑤のように折ると図3①のらせん構造の筒になり、ジョイントが完成します。このジョイントは同図②正四面体同士を連結する時、ねじりながら接続するため、③6個のユニットで輪を作ると、④6個の正四面体の重心が同一平面上にはなく、でこぼこした構造になります。この事実からユニットの個数を増加させれば、空間全体にきれいに広がっていきます。

20

産業への応用に期待「らせん折り」

らせん折り

　らせんの形状は朝顔の蔓や巻貝など自然の中によく見かけるだけでなく、遺伝子の二重らせん構造や建物のらせん階段などと幅広く存在します。らせん折りはチャプター4の30で紹介するようにエネルギー吸収材などの産業への応用が期待されています。

　1枚の長方形の細長い帯を短い端の辺と平行な斜線で同じ幅に分割して山折り線を描き、さらに分割された各長方形を三角形分割するように平行に谷折り線を入れた展開図を用意します（**図1**①）。これを折り畳んでいくと②のように円弧状に曲がっていき、③のらせん構造ができます。長方形を平行四辺形の帯にかえても、同じようにらせん構造ができます。

　では、正方形の折り紙からではどんな形ができるでしょうか。**図2**①のように折ってから、三角形の先端かららせん折りしていくと、図2④の巻貝ができます[25]。

らせん構造をもつ筒

　では、1枚の平行四辺形の細長い帯をらせん折りした時、ちょうど1回転して帯の両端がぴったり合うような設計はできるでしょうか。

　そこで、山折りと谷折りの作る角度をαとしましょう。まず、1回の山折りと谷折りで重なる部分に注目すると、帯の端の方向転換に使われる角度がちょうどこの重なって入り込む角度、すなわち、αの2倍であることが分かります。帯の両端が重なるようにするためには、このような折り畳みの操作を繰り返した時、方向転換した角度の合計がちょうど360度になれば良いことになります。

　図3は八角形なので、角度αを22.5度にしました。このモデルを折り目に従って平坦に折れば平らになります（同図①）。ちなみに、これを立ち上げると、凹凸の

図1 らせん折りとらせん構造

展開図

①

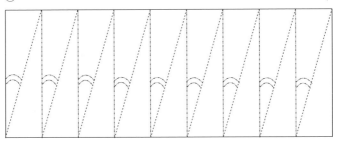

②折り畳むと円弧状に

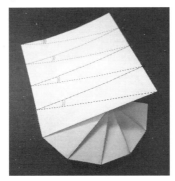

③横から

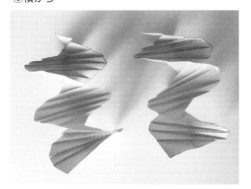

完成形

④上から

図2 巻貝

完成形
④

①
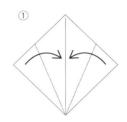

製作途中
③

②
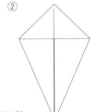

（創作：布施知子氏）

ある筒が1つできます（②）。

　このような1段の筒を数段重ねるとさらに高い筒ができ、これもきれいに平坦化できます（③）。これを「順らせん構造の筒」と呼びます（④）。これに対して、1段のそれを縁の面に関して鏡映したものを作り、元のものとそれぞれ数個ずつ用意して、交互につなげていくと、やはり高い筒ができ、平坦化可能になります。これを「反転らせん構造の筒」と呼びます（⑤⑥）。順らせん構造の筒は回転しながら平坦化されていくのに対して、反転らせん構造の筒は偶数段であれば、上面が垂直方向に動いて底面に重なっていきます。ただし、剛体折りではありませんので、面の伸縮があります。

　上述は長方形の細長い帯から始めましたが、長方形でなく平行四辺形の細長い帯を用いて順らせん構造や反転らせん構造の筒を製作することもできます。

　さらに、円筒形の筒ばかりではなく、上面と底面の外接円の半径が異なるようにした、円錐形のらせん構造の筒の設計も可能です。

図3 らせん構造をもつ筒

1段の場合
①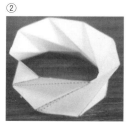
②

順らせん
③
④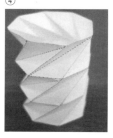

反転らせん
⑤
⑥

図4 正十二面体の平坦折りに現れる順らせん構造

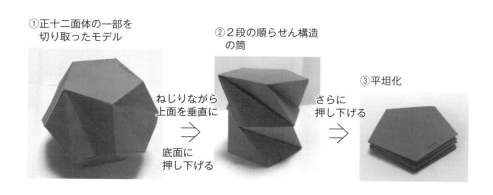

① 正十二面体の一部を切り取ったモデル
　ねじりながら上面を垂直に底面に押し下げる
② 2段の順らせん構造の筒
　さらに押し下げる
③ 平坦化

正十二面体の順らせん構造

　最後に、一見しただけではらせん構造は見えませんが、らせん構造を内包している例を挙げてみましょう。

　図4①は正十二面体、すなわち12個の正五角形の面からなる凸多面体で、1つの面を水平になるように底面として置きます。10個の側面に折り目を入れ、小さい二等辺三角形5個を切り取って除去したものです。底面に平行なもう1つの面（上面）を回転させながら垂直に押し下げていくと、側面が2段の順らせん構造の筒になります[26]（同図②）。これをさらに押し下げると、きれいに平らに折り畳めます（③）。この紙モデルの展開図を**図5**に示します。

図5　正十二面体の展開図

21 2つのパーツを貼り合わせる「対称2枚貼り折り」

対称2枚貼り折り

　ユニット折りでは合同なパーツを複数個組み合わせて立体を作成しましたが、対称な2つのパーツ（鏡折り）による組み合わせに限定して実用化のために、制約条件を少なくしてできたのが「対称2枚貼り折り」です。折り線が簡単であることから実際のものづくりへの道として野島武敏氏によって考案されました[27]。
　正方形や凸多角形の紙を用いるという制限を取り払い自由な多角形とし、2つのパーツを接着するために片方のパーツには糊しろを設けて糊付けをして一体化するため、従来の折り紙の手法とはかなり異なります。折り線が簡単であることの他に、立体形状にした後に再び小さく平坦に折り畳めるという特長があります。

2方向に折り畳める筒

　図1①は平行四辺形4個を「く」の字型に並べたもの、同図②はその対称図形を貼り合わせてできた筒ですが、これはきれいに平坦化できます。そこで、これを複数パーツに増加させたものを折って結合させると、長い筒が完成します（③）。この筒は長さに関係なく、パーツ1個の場合と同じ大きさの平坦状態まで剛体折りで小さく折り畳むことができます。
　ところで、対称2枚貼り折りの展開図が簡単である理由は、対称な展開図2枚を貼り合わせて作るので、各点で自動的に平坦折り畳み条件が満たされることです。

湾曲した筒

　前述の筒は直線状に長く伸びたものですが、長方形の基本形を台形にかえると、図2のような湾曲した筒や、さらに円環状の折り畳みモデルも可能となります。ただ

図1 平行四辺形の筒

①平行四辺形　4個

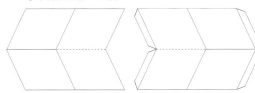

②対称図形を貼り合わせる　　横から

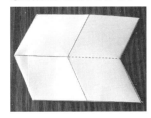

平坦化　　　　　　　　　③複数パーツを結合

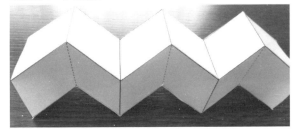

し、これらは剛体折りではないので、ある程度の伸縮素材となります。

2枚貼りの多面体

　正多面体などはうまく表面を分割すると、ちょうど対称な2つのパーツにできます。**図3**は正二十面体の例で、4個の三角形を2等分し、間に余分なパーツを入れ、一部の辺同士を糊付けしないことによって平坦化可能なモデルです。

図2 折り畳める湾曲した筒と輪[28]

図3 折り畳める正二十面体[28]

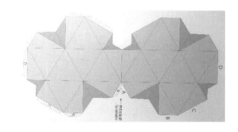

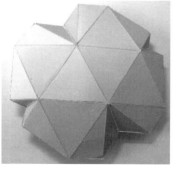

22

「剛体折り」と「連続折り」の実用性

剛体折り

　折り紙の素晴らしい点はたくさんありますが、根底に、素材が紙であることから適度な柔軟性と強度を持ち合わせていることがあります。種々の折り方や多数の折紙作品を紹介してきましたが、それらの折り目に関する展開図や折り手順などに従って作品を作れるのは、折り紙が必要に応じて曲げられ、折り目で折ることができる素材で、さらに、ほどよい厚さであるという折り紙のもつ比類ない特長に依存しています。

　折り紙を鉄板で作れるかどうかというと、硬い鉄板は折ることも曲げることもできないので、あらかじめいくつかのパーツに分割したパネルを用意し、それらをヒンジ（回転軸となる蝶番）で結合する方法があります。

　このように剛性パネルとヒンジによる結合で変形する時、「剛体折り」と呼びます。実用の面では、剛体折りで変形できるかどうかは非常に重要になります。

　例えば、均一素材の長方形の厚板を平行に並べて蛇腹に折り畳むのであれば、**図1**①のように山折りと谷折りを交互に配置することになるので、山折りの場合は板の裏側同士のヒンジ結合、谷折りの場合は板の表側同士のヒンジ結合にすれば、互いにぶつかり合うことなく剛体折りができます（同図②）。

　しかし、一般の形状ではパネル同士の衝突を避けることは容易ではなく、剛体折りが可能な立体の設計や目的に応じたヒンジの形状など多岐に及ぶ研究がなされていますが、ここではそれらには深入りせず、チャプター4の30の折り畳み式ヘルメットやチャプター5の38の厚板箱の応用の理論的根拠となっている「連続折り」を紹介します。

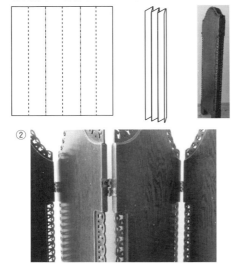
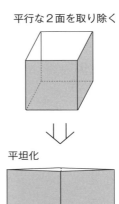

フイゴ定理

　例えば、立方体の平行な2面を取り除いた筒ならば、図2のように簡単に剛体折りで平坦化できます。では、上下の面を付けた立方体の場合、各面を小さく有限個にうまく分割すれば剛体折りは可能になるでしょうか。実は、どんなに面を細かく分割しても不可能であることが数学的に証明され、「フイゴ定理」と呼ばれています。
　ちょっと専門的になりますが概要を紹介します。

 ## フィゴの定理までの経緯

　多面体の辺の連結部分がヒンジで自由に角度を変えられるようにしてある時、その多面体は剛体折りで変形できるでしょうか。
　1813年にコーシーは凸多面体ではこれが不可能であることを証明しました。「凸」とは多面体のどの2点を結ぶ線分も多面体の内部に収まることです。では

「凸」という条件を除いても同じような結論は成り立つのでしょうか。

それから約160年後の1977年に、コネリーは剛体折りで変形する凸でない多面体を発見しました。「コネリーの反例」と呼ばれています。その後、より簡単な反例が見つけられていますが、そこで問題となったのが、体積の変化についてです。

1995年にサビトフは、どんな剛体折りで変形する多面体も変形によってその体積は不変であるという体積保存定理を証明しました。これが1997年に出版された「フイゴ予想」という論文の源となり、フイゴ定理と呼ばれています。

凧形の性質

紙風船は膨らませる前の折り畳んだ状態から、図3①のように立方体を作ることができますが、逆に立方体を同図②に示すように、上面と底面をそれぞれ直角二等辺三角形に四分割し、平行な2つの側面を二等分して山谷の折り目を入れて折ると、③の風船折りと同じ折り畳んだ形状に平坦化できます（④）。

フイゴ定理によれば、もし細分した各パーツが剛性素材ならば、ヒンジで結合してできた立方体は分解しない限り、平坦化できないわけです。折り紙の立方体が平坦

図3 紙風船と立方体

①立方体

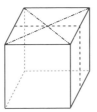

②上面と底面、平行な折り目を入れて折る面

③風船折りの膨らませる前の形状

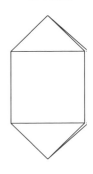

④平坦化

化可能であるのは折り紙が柔軟素材であることが重要なポイントです。

そこで、つぎの問題がエリック・ドメイン氏らによって2001年に考案されました[29,30]。

「伸縮はしないが折り目で折れる紙のような素材でできた凸多面体を、切ったり伸ばしたりせずに平坦化できますか。」

この問題に対する研究成果は筆者（奈良）・伊藤仁一氏らの研究グループによるものから始まり多数ありますが、その中で応用上重要と思われるのは次の「凧形の性質」です[31~34]。凧形というのは、隣り合う2組の2辺の長さが等しい凸四角形のことで、ひし形は4本の辺の長さがすべて等しいので凧形の特殊な形状です。

ひし形の翼折り

ひし形の対角の位置にある2頂点間の距離を元の距離以下に選ぶ時、**図4**に示す折り目の設計図が存在して、これらの折り目によって、与えられた距離になるように折ることができます。この折られた形状を「ひし形の翼折り」と呼びます。1つの翼折りから他の翼折りへは、4本の折り目の端点Qを移動することによって連続的に（すなわち、伸縮なしで）変形できます。

図3①の立方体について、**図5**のABCDが作る（折れた）四角形はひし形を折ったものですから、このひし形の2組の頂点間の距離に注目すると、立方体を連続的に平坦化できることが証明できます。

移動折り目と連続折り

直観的に述べると、立方体を平坦化する時、谷折りで内側に折られる2つの側面に対して、上面は中心を上に押し上げて外側に飛び出すようにします。底面は押し下げます。その時に内側に折られてくる側面と衝突しますから、側面に従うように折り目を付けて側面に一部を折り重ねていきます。

この時、折り目が変化していきますので、これらを「移動折り目」、そして移動折り目による変形を「連続折り」と呼びます。

図4 ひし形の翼折りの例

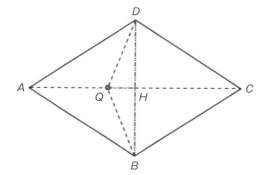
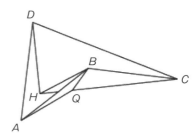

図5 立方体の(折られた)ひし形

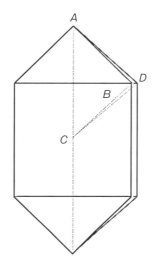
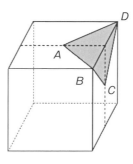

Chapter 4
折り紙と産業化

24 折り紙の産業化への4つのハードル

　ここまで、折紙構造は工学・産業分野への応用という面で非常に魅力的なことを伝えられたと思います。ただ、産業化への道のりが近いかというと、そうではなく、まだ十分な産業化がなされているとはいえません。この原因は、紙では首尾良くいっても、折紙工学で扱うのは厚紙、樹脂、金属だからです。①収縮後の安定性維持困難②展開後の安定性維持困難③複雑な折り畳み法では実機への適用困難④複雑な折紙構造の安価にして、しかも本来の機能を適切に付与した上での製造法が困難—といった点が産業化への障壁として挙げられます（表）。折紙工学をさらに推し進めるためには、これら4つの課題の解決は不可欠です。

事例における4つの課題

　①の例はチャプター5の37で解説する「飲料容器」をベースにお話ししましょう。折紙構造の応用として、飲み干した飲料容器の折り畳みが注目されています。飲料容器をらせん構造にすることで、素材が紙ならば容易に折り畳むことができます。しかし、素材が樹脂などになると、相当な力が必要です。また、うまく折り畳むことができても、スプリングバックが生じて元に戻ってしまう場合があります。優れた特性がかえって邪魔をしてしまうわけです。

　②の例として、チャプター5の38の「厚板箱」を挙げましょう。鉄の箱を思い浮かべてください。手で折り畳むことは不可能です。しかし、折り目を中心にして隙間を設けることで、折り畳めるようになります。ただし、畳んだ状態の厚板箱を立ち上げようとしても、厚板箱の自重で自然に畳まれてしまう可能性があります。そのため、支柱を設けたり、最適設計のようなものが必要です。

　③については、チャプター2の13を思い出してください。朝顔のつぼみは通常の等角らせんでなく、アルキメデスらせんを選択します。なぜ、朝顔はアルキメデスらせんを採用するのでしょう。等角らせんモデルはゆったりと広い範囲を使って巻き取

折り紙の産業化を阻む課題とその事例・障壁

課題	例	障壁
収縮後の安定性維持困難	飲料器	スプリングバック
展開後の安定性維持困難	厚板紙	自重による折り畳み
複雑な折り畳み法では実機への適用困難	朝顔のつぼみ	複雑な構造の大量生産方式
複雑な折紙構造の安価にして、しかも本来の機能を適切に付与した上での製造法が困難	自動車の衝突エネルギーの吸収	複雑な構造の大量生産方式

るのに対して、アルキメデスらせんは隙間なく、しかも巻き取る際に小さなスペースで済みます。窮屈ではあるが高効率の収納法を朝顔は選択したと解釈されます。アルキメデスらせんは効率が良くても実機に持ち込むには相当な製造技術が必要で、容易には適用例は見られません。

　④の例は、チャプター4の32で紹介しますが、簡単に説明します。自動車が正面から衝突した際の衝撃（運動エネルギー）を、自動車の構造の変形エネルギーで吸収させる必要があります。どのような構造で吸収させるのがベストかというと、荷重方向に対する柱です。

　重量当たりのエネルギー吸収効率を上げるため、通常、中空構造にします。その場合、2次元の平板から簡単に製造できます。この場合の柱は、軸方向に展開収縮はできませんので折れ曲がりやすく、できるだけ長く軸方向に圧潰させるよう工夫されますが、たとえ、このような理想的な圧潰が得られても、どうしても初期のピーク荷重が大きく、自らの嵩張りが邪魔となり、自長の7割程度しか潰れないことになります。展開収縮可能な折紙構造はこれらの課題を解決します。

　しかし、構造が複雑な分、製造は困難です。こうした課題を打開する、機能も良く製造費も安い構造および製造法の研究は非常にやりがいがあります。この課題を解決することで、新たな産業が生まれるかもしれません。

展開と収縮に優れる「ミウラ折り」

ミウラ折り

　宇宙探査機や宇宙ステーションでの飛行士たちの活躍は私たちに夢を与え、宇宙旅行も夢ではないとまでいわれる時代となりました。しかし、宇宙に構造物を建設するには、地上からロケットなどを打ち上げて必要な機材を運搬する必要があり、展開・収縮の技術は非常に重要です。そこで、折り紙の構造を利用して、地上ではできるだけ小さく畳んで収納し、軽くて運搬に便利で、宇宙空間で大きく広げることのできる構造が求められます。

　古くから知られ提案されていた方法は、筒状に巻いた膜を宇宙で引っ張り出して膜構造を構築する方法や、屏風のように折り畳んで展開する方法でしたが、これらの方法では筒の長さが構造の限界となり大きな広い膜はできません。この壁を打ち破ったのが、三浦公亮氏が考案した「ミウラ折り」です。二次元的に展開・収縮できる構造を有しています。

　図1は1990年2月に開催されたカンファレンスのミウラ折りのパンフレットの写真です。ミウラ折りの展開図は平行四辺形を敷き詰めた形ですが、パンフレットの右上と左下を結ぶ線分（すなわち、対角線）方向に伸縮すると、全体が2次元的に展開・収縮します。しかも、素材の厚みを無視すると剛体折りします。

　すなわち、各平行四辺形を剛性素材にして、面同士の集まるところを自由に回転するヒンジで結合してあれば、理論的には展開・収縮が可能になります。ということは、太陽電池のパネルなどの場合、展開・収縮による素材への負荷が小さいことになります。1995年にはH-Ⅱロケット3号より、ひまわり5号とともに種子島宇宙センターから打ち上げられたスペース・フライヤーでは6m²四方の太陽電池アレイの展開・収縮実験が行われました。

　ミウラ折りは大変便利な構造ですが、身近な生活用品の中にあまり見かけません。その理由は製作過程にあるようです。例えば、A4サイズのコピー用紙からミウラ折

図1 ミウラ折りのパンフレット

図2 ミウラ折りの折り方

④折り畳む

展開図

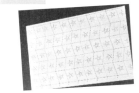

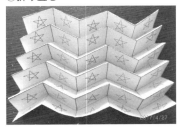

①等間隔に蛇腹折り

③広げる

②斜めに等間隔に蛇腹折り

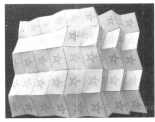

折り紙と産業化

りを作るには、**図2**に示すような折り手順で完成します。

　まず、等間隔に蛇腹折り（山谷を交互に折り）、次に斜めに等間隔に蛇腹折りしてから、広げて元の状態に戻します。折り目は平行線の折り目とジグザグの折り目があります。そこで、ジグザグの折り目の方を先に蛇腹折りすると、ミウラ折りができます。最後の過程のジグザグを蛇腹に折ること、この作業を安価に機械化することが課題の１つと考えられます。

ソーラーセイル

　さて、2010年に金星探査機「あかつき」と相乗りで打ち上げられた小型ソーラー電力セイル実証機「イカロス（IKAROS）」のソーラーセイル（太陽帆）は小さく折り畳んで打ち上げられ、宇宙で一辺が14mの正方形に展開される構造になっています[35]。

　折り畳みは２段階に分けられ、まず対角線の軸方向に畳まれて十字形にし、その後、直径1.6m高さ80cmの本体に巻きつけられました。厚さは7.5μm、髪の毛の太さの10分の１より薄い素材でポリイミド樹脂が使われました。

　第一段階の折り畳み構造の基本形となる折り紙モデルを**図3**に示します。

　展開図は、中心に向かって段々小さくなる正方形を山折りと谷折りを交互に割り当て、対角線も同様に細分して山折りと谷折りを交互に書きます（同図①）。正方形は対角線で４つの三角形に分割され、各々を対角線に沿うように折り畳むと十字形ができます（②）。こうしてから、巻き取ると小さい円筒形に収納可能となります（③）。ちなみに、この折り線パターンは双曲面を近似する紙モデルとしても研究されています[29]。

図3 正方形膜の折り畳みの折り紙モデル「イカロスのソーラーセイルの基本形」

③イカロスのソーラーセイルの
　基本形

展開図

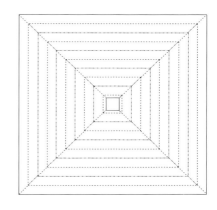

②折り畳むと十字形ができる

①

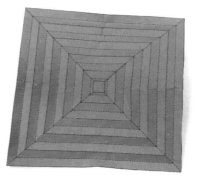

三角錐の連なったオクテット・トラス形コアパネル

トラス構造

　東京スカイツリー、東京タワー、橋、あるいは屋根の梁の骨組みなどで多用されるトラス構造は、棒状のバーをつなぎ合わせた三角形の組み合わせで構成され、節点を自由に動くピン結合にすることで、変形が少ない仕組みとなっています。

オクテット・トラス形コアパネル

　そこで、三角形のフレームではなく、三角形のパネルを用いて、三角錐(すなわち、正四面体)の底面を取り除いた形を図1のように、平板に三角錐形状の凹みとして千鳥格子状に並べられたものが考案されました。これは軽量なコアパネルとして開発され、「オクテット・トラス形コアパネル(トラスコアパネル)」と呼びます[36]。

　これは、「正四面体と正八面体がそれらの無数個の複製を用いて空間全体を隙間なく埋め尽くすことができる」という幾何学の性質にもとづいています。図2と図3のように、正八面体を1つの面が水平になるように置き、水平に平行移動した合同コピーで並べていくと、上面にできるのが千鳥格子模様です。隙間が上述の三角錐形状の凹みに対応しています。

　また、トラスコアパネルは1枚ずつでは曲げに対して強度はそれほど強くありませんが、2枚をセットにして凸同士を向かい合わせて組み合わせたサンドイッチ構造にすると、非常に強度が増すことも特筆すべき特長といえます。

　ちなみに、バックミンスター・フラー氏によって提案されたオクテットテトラ構造は、面ではなくフレームだけにした構造に対応します。

図1 トラスコアパネル

図2 正八面体

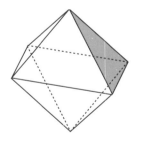
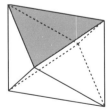

図3 正八面体と正四面体による空間充填

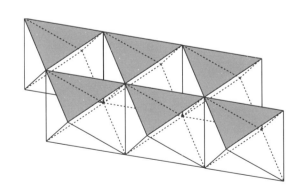

金属製オクテット・トラス形コアパネル①
形状と成形法について考える

　幾何学にもとづき空間を図形で隙間なく埋め尽くして得られる構造は、非常に剛性が高くなります。このことは、野島武敏氏によって初めて具体的に示されました。**図1**をもとに、どういうことなのか説明します。

　1枚の柔らかい樹脂材に、丸形のコアが一様に配置されています。同図(a)のように1枚だと簡単に曲げることができますが、もう1枚、対となる樹脂材を用意して空間充填（コア部分をかみ合わす）させると、(b)のようにとても剛性が高くなり容易に曲げられなくなります。

トラスコアパネル

　この原理を利用して、四面体と八面体の半分をかみ合せて空間充填させた構造を「オクテット・トラス形コアパネル（トラスコアパネル）」と呼んで、野島・斉藤一哉の両氏によって研究が始まりました。

　図2(a)のように、周期的な四面体形状の凹部と、グリッド上に三角形を1つおきに成形したパネル片を2枚張り合わせることで製作されるコアパネルを「ダブルトラスコアパネル」といいます。トラスコアパネルのもう1つの基本モデルが、同図(b)のように、片側の1枚を平板にし、曲面化および接合を容易にした「シングルトラスコアパネル」です。空間充填からの変形タイプではありますが、これも非常に強固です。

　ただ、図2のように先が尖っているのは製造も困難で、作業時も実際に使用する時も危険です。そこで、パネル片の凹部の四面体の稜線を削り六角錐台形状にすることで、切隅形の発展モデルが検討されました。

　一例を**図3**に示します。元の充填形を構成していた多角形と、頂点に新しく生じる多角形をそれぞれパネルの凹部底面と頂点に対応させます。上下のパネル片のパターンを同時に変化させながら底面と他方のパネルの頂点の多角形を直線で結ぶことによって、上下のパネルの稜線が接合する条件を満たしたまま種々発展形モデル

図1 空間充填のイメージ

(a) 1枚では弱い

(b) 2枚合わせると強固になる

図2 2種類のトラスコアパネル

(a) ダブルトラスコアパネル

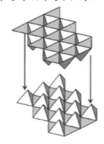

(b) シングルトラスコアパネル

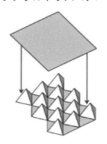

図3 トラスコア基本モデルから切隅による発展モデル生成の様子

基本モデル

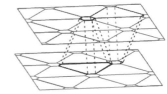

切隅による発展モデル

を設計することができます。

このようにすれば、空間充填時の接合面が広くなり、それだけ加工精度の要求レベルも下げることができます。また、角が削られるためプレス成形時の成形性も向上します。

成形について考える

形が決まったので、次は成形について考えてみます。

成形性の良い樹脂製パネルに関しては、図4に示しますように、真空成形によって比較的自由に形状を選ぶことができます。切隅形の発展モデルだけでなく、尖っているために高い精度が必要になる基本形も良好なものを作ることができます。

一方で、金属製パネルに関しては、単純プレスで試みたところ樹脂の場合のようにはうまくいきませんでした。その一例として、長尺板のプレス成形過程を挙げます（図5）。

成形される領域に板が引き込まれるため、送り方向の長さが加工の進行につれて短縮する状況（図5右側から加工前、加工途中、加工後）が見てとれます。これを図6の、単純プレスのシミュレーションで見てみましょう。

図4 プラスチックで試作したさまざまなパネル片

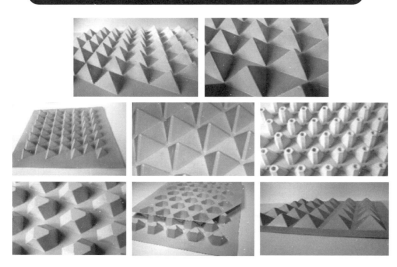

図5 加工によって長尺板の短縮される様子

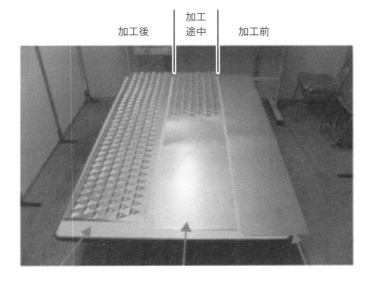

加工後　加工途中　加工前

図6 単純プレスのシミュレーション

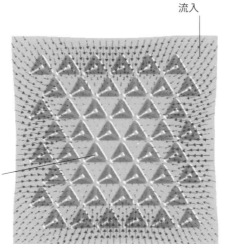

板端からの流入

中央部は流入がない

矢印は節点変位ベクトルを示しています。この矢印の分布の様子から、周辺部では板端からの流入が見られますが、中央部ではそれが見られません。三角錐凹部領域が流入なしに単独で張り出し、成形されることが分かります。これは、中央部はほとんど加工材の伸びのみで成形されているということです。

そのため、コア部近傍に局所的な大ひずみが発生し、厳しい成形状態になります。大雑把に述べれば、平板から一様なコアを作るには、コア部に周りの板厚を引っ張り込むことが必要となります。この場合、端に近いコア部は端部の板厚を引っ張り込めますが、中央部ではコアの間で板厚の取り合いをしますので、板厚の動きはなく一様で、成形性の良いものは容易に得られないことになります。

新しいプレス成形法

この課題を解決するため、筆者（萩原）は戸倉 直 氏とともに、有限要素法を用いた独自の成形シミュレーションにより新しいプレス成形法を開発しました（図7）。

材料を球パンチで予備成形し、その部分を成形用凹部パンチで深絞り加工したところ、良好な成形が得られました。樹脂製パネルの真空成形に続き、金属板においても室温でも比較的深い角錐形の凹部加工が可能になり、低コストの加工の目処がつきました。

これによって得られる成形性の良いトラスコアパネルは、波形の鋼板と比較すると等重量曲げ剛性（曲げ剛性を同一の重量条件で評価）がシングルトラスコアで約3倍、ダブルトラスコアではハニカムコアパネルとほぼ同等の約6倍です[37]。ハニカムコアパネルは糊付けの工程が入るため製造費が嵩むことから、トラスコアパネルはハニカムコアの5〜10倍の経済性を有すると試算もされました。太陽光パネルや輸送機、航空宇宙分野、建築分野など極めて広い分野での応用が可能です。熱に弱いという欠点のあるハニカムコアパネルにとって代わるものとまで評価されるよう

図7 多段階プレス成形法

になりました。

この戸倉―萩原の独自のシミュレーションをもとに、五島庸氏らは成形条件の最適化に取り組みました。

対向液圧成形という、上型と水を満たした下型で加圧する成形法があります。プレス成形と同じ装置構成ですが、深く絞れる成形法です。この対向液圧成形と同等の深さを実現しながら、成形コストを最小限に抑える「多段プレス成形用汎用順送成形金型」を開発しました。また、凹部を成形したパネルの組み立てに対しては、成形時の歪を修正しながら合理的に接合する汎用組立装置を開発しました（図8）。

金属材料はスチール、ステンレス、アルミニウムについて開発が行われています。アルミニウムは約250℃の温間成形で、スチールと同等の成形が得られています。

このように難しい形状の成形で、1つの金型で数種類の材料の成形を行い、かつ金型の一部の変更のみでさまざまな四面体形状に対応する成形工法は例を見ない革新的な技術であるといえます。これによって、成形による板が波打つ点も解決し、成形性の良いものが得られることが確認できました（図9）。

性能が高まり、太陽光パネル、太陽熱発電用の集光ミラーに採用されました（図10、11）。いずれも太陽光を極力効率良く集められるよう、太陽光パネルに広い面積が必要となります。面積が広いと剛性が弱くなるため、中央がたるんでしまいます。通常の平板では中央がたるまないよう板厚の厚さが必要とされ、それだけ重量が嵩みます。太陽光パネルの場合、軒先などの取り付け部を補強する必要も出てきます。

それに対し、等重量で平板の7〜8倍の剛性を有するトラスコアパネルの場合、補強の必要のない設計仕様の範囲が広くなるわけです。

図8 汎用組立装置

図9 1段階プレスと多段階プレスの比較

1段階プレス
（波打っている様子）

多段階プレス
（波打ちが解消している様子）

図10 太陽光パネル

図11 太陽熱発電用の集光ミラー

28

金属製オクテット・トラス形コアパネル②
実用化への道のり

　オクテット・トラス形コアパネル（トラスコアパネル）には、発明にはじまりシミュレーションの専門家や製造の専門家も加わり多くの努力が注ぎ込まれました。その結果、このトラスコアパネルの産業応用の現状はどのようになっているでしょうか。

太陽光パネル

　フィルムタイプのソーラーセルを貼り付けて軽量な太陽光パネルを製作し、市役所の屋上などに設置されました。米国の大手企業から大量生産の話もありましたが、太陽光パネルは、中国製の安価なものに押され停滞しています。

新幹線車両

　新幹線車両のフロアパネルなど、現状のハニカムコアパネルの代替を試みました（図）。新幹線車両では遮音性が強く求められるため、遮音性の確認も行いました。

鉄道車両床材への使用を想定したハニカムコアパネル

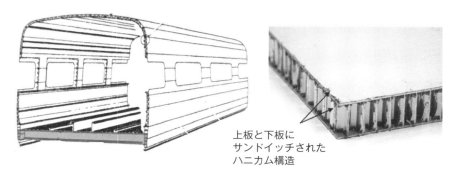

上板と下板に
サンドイッチされた
ハニカム構造

今後の展開の鍵を握りますので、少し詳細に述べてみます。

トラスコアパネルはパネル間に空気領域を有していますが、三角錐コアパネルと平板が剛に結合した構造をしているため、中空二重平行平板の理論値ではなく、トラスコアパネルと同質量・同剛性を持った一重平板の理論値と同様の傾向を示します。

トラスコアパネルは、低周波域で高い遮音性能を示します。吸音材などの既存の遮音手法が効果的でない低周波域の遮音性能を、さらに改善させる可能性を含んでいると考えられます。このように優れた特性が認められるものの、多様な要求事項があり、採用にはまだ至っておりません。

太陽熱発電用の集光ミラー

容易に任意の曲面が製作できる特徴を活かして、チャプター4の27の図11のように、太陽熱発電用の集光ミラー（ヘリオスタット）の開発依頼を数社から受け、開発が進められましたが、停滞しています。

リチウム電池ボックス

トラスコアパネルは耐衝撃性に優れていますので、耐衝撃高強度が要求される電気自動車用リチウム電池ボックスの実用化開発が取り組まれています。

産業化への壁

ハニカムコアに勝ると期待されたトラスコアパネルですが、上述のように善戦はしていますが、ハニカムコアの牙城は未だ十分には崩せてはいません。この主要因の1つは成形法にあります。

コアの高さが高いほどトラスコアパネルの剛性は高くなる半面、成形の難しさは増します。このように、空間充填させると剛性が高くなると示しただけでは産業にはならないのです。これを打ち破るための1つの方策として折紙工法を開拓しました（チャプター1の7）。

折紙型油圧ダンパー

　車両や建築などの産業分野および日常生活において、シリンダー式油圧ダンパーは、振動や衝撃などのエネルギー吸収部品として幅広く使用されています。乗員の乗り心地改善や自然災害による損害低減などに対し、ニーズに応じてさまざまな研究開発が行われています。

　従来のシリンダー式油圧ダンパーは、以下の課題がありました。

　①油圧ダンパーの伸縮できる減衰運動長さ図1のaは全長Lの半分以下であり、狭い空間に使用しにくい。②金属製シリンダー構造は重く、軽量化を追求する精密機械などには適用しにくい。③外部荷重は軸方向だけでなく、ランダムな外乱荷重が伴う場合があり、横荷重がかかれば密封シールに圧力が集中し、伸縮運動不良や部品摩耗などの問題が発生する。

　これらの課題を解決するため、図2に示す横方向にも変形でき、軸方向に沿って自由に伸縮できる反転らせん円筒折紙型油圧ダンパーを発明しました[38]。さらに、図3に示す、反転らせんや蛇腹折りを利用した(a)湾曲ストローク式[39]、(b)内外二重式、(c)多岐式、(d)平面多方向用折紙型油圧ダンパーを開発しています。図2、図3の構造はPP（ポリプロピレン）材でできています。

　これら新しい折紙型油圧ダンパーを用いると、自動車などではサスペンションの長さを短くできますので、室内の有効面積が増え、車体を低くできます。そのため、空力特性の向上により燃費向上が得られます。また、ボンネットの裏側に設置することで歩行者対策の検討も行われています。

図1 従来の油圧シリンダー

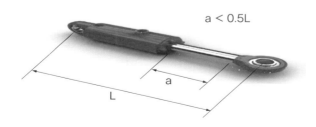

$a < 0.5L$

図2 折紙型油圧ダンパーの基本形

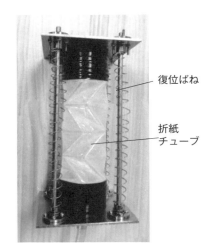

- 復位ばね
- 折紙チューブ

(提供:趙希禄氏)

図3 考案した、新スタイルの折紙型油圧ダンパー

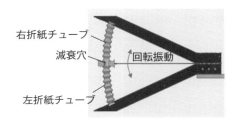

- 右折紙チューブ
- 減衰穴
- 回転振動
- 左折紙チューブ

(a) 湾曲ストローク式折紙型油圧ダンパー

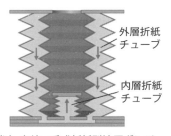

- 外層折紙チューブ
- 内層折紙チューブ

(b) 内外二重式折紙型油圧ダンパー

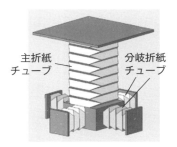

- 主折紙チューブ
- 分岐折紙チューブ

(c) 多岐式折紙型油圧ダンパー

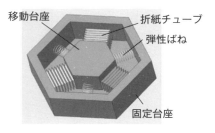

- 移動台座
- 折紙チューブ
- 弾性ばね
- 固定台座

(d) 平面多方向用折紙型油圧ダンパー

(提供:趙希禄氏)

30 コンパクトで強度を備えた折り畳み式ヘルメット

折り畳み式ヘルメットの開発

折り紙の構造を応用して実用化された折り畳み式ヘルメットとして**図1**の製品があります。これは2016年3月に放映されたNHKの番組「超絶凄ワザ！最強の帽子対決！」への萩原一郎をチームリーダーとする筆者らの参戦がきっかけで、有限会社秦永段ボールと共同で開発し、その後に改良が進んで市販されたものです[40,41]。

身を守るためにヘルメットを身近に保管しておくことは重要であるとは分かっていても、保管スペースや携帯の簡便さに適うものが、当時は見当たりませんでした。そこで、要求されたのが縦30cm、横20cm、高さ5cmの箱（小学生の使うランドセ

図1 有限会社秦永段ボールの折り畳み式防災用帽子

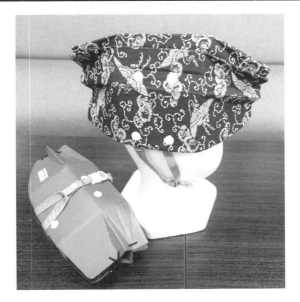

ルに入ることを想定）に収納でき、かつ、ヘルメットとしての安全基準を満たす強度を備えたヘルメットの製作でした。

参戦用のヘルメット

　番組に参戦するために、**図2(a)**のヘルメットを製作しました。素材は「折る」という操作が可能な段ボールで統一し、見栄えよりも強度を優先したデザインにするなど多様な工夫を重ねた結果、番組では相手チームに勝つことができました。作品の構造は、カバーの下に反転らせん構造をもつ筒状のエネルギー吸収材（同図(b)）、さらにその下にハニカム構造のエネルギー吸収材(c)を設置し、少し嵩は張りますが、すべて折り紙の構造を応用し、折り畳みできることから規定の収納用ボックスに収まります。

　例えば、カバーは**図3(a)**のように、蛇腹折りの各長方形の端を2枚ずつの対にしてホチキスで綴じたものです。長方形の蛇腹折りだけであれば、チャプター3の22で述べたように剛体折りは可能ですが、このように先端を変形すると、もはや剛体折りはできません。しかしながら、同図(b)の影を施した三角形部分を柔軟素材にするか、または削除すれば変形できることに思い至り、この部分を詳細に計算し、その値が非常に小さいことから、素材が段ボールならばある程度の柔軟性があるので変形可能と判断しました。

　反転らせん構造のエネルギー吸収材（**図2(b)**）は、チャプター3の20で紹介した平坦折り可能な反転らせん構造の筒の上下の六角形の面を閉じたものです。しかも、段数を偶数4にしてあることから、まっすぐ垂直方向に加圧して平坦折りが可能な設計です。しかしながら、途中の変形過程は剛体折りではないので、そのために素材に無理が生じますので、それを利用して段ボール材がエネルギー吸収材として効力を発揮することになります。

　ハニカム構造のエネルギー吸収材（**図2(c)**）は、ハチの巣状に六角柱が並んだ形で、長方形の段ボールからスリットを入れて糊付けする折り紙の手法で作製されています[42]。このままであれば、六角形を平たく潰すようにすると折り畳み式になります。上下をシートで挟んでハニカム・サンドイッチにすると強度は増しますが、折り畳みはできなくなります。参戦には強度を重視し、シート付き2段を使用しました。

　以上の構造をもつモデルは多数のモデルをシミュレーションでも検証し、改良を重ねて到達したものです。

図2 NHKの番組「超絶凄ワザ！ 最強の帽子対決！」のために開発した折り畳み式ヘルメットとその構造

(a) 折り畳み式ヘルメットとエネルギー吸収材

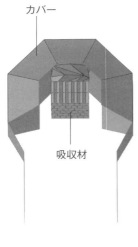
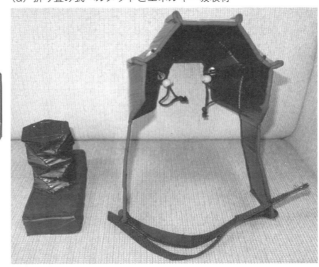

カバー

吸収材

(b) 反転らせん構造のエネルギー吸収材

(c) ハニカム構造のエネルギー吸収材

市販化されたヘルメット

　参戦用に開発したヘルメットを市販化のために改良する段階では、製造過程をできるだけ簡素化するため、反転らせん構造の筒は取り除き、折り畳み式のハニカム構造のエネルギー吸収材だけに絞りました。そのかわり、ウレタンのクッションをヘルメットが頭部に触れる部分に追加して、衝撃の緩和を図っています（**図4**）。

　ハニカム構造部分は、小さく折り畳めることを優先しています。シートを貼ると、2枚の平行な面に挟まれたサンドイッチ形状になり、折り畳みができなくなります。ここでは、シートなしの折り畳みが可能な形状とし、着用する時にカバーやウレタンのクッションでサンドイッチの役割を果たすように仕組まれています。

図3　ヘルメット・カバーの構造

（a）カバー完成形　　　　　　（b）柔軟素材または削除することで変形が可能

図4　ヘルメットの内側

ウレタンのクッション

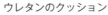

折り紙で作る おしゃれな安全帽子

　チャプター4の30の図3は勝負のための最強設計であり、このまま市場に出すと過剰品質となります。そこで、同項目の図2のモデルから反転らせん構造を取り除いたモデルで、次のような最適設計を行いました。

　荷重条件：5kgの半球のおもりが1m上から落下
　目的関数：帽子の重量最小
　拘束条件：最大反力 4.9kN　　　（式1）
　設計変数：ハニカムコアの板厚および形状

　これにより得られた重さは160gと、市販品の最小重量の3分の1の仕様でした。実際は、横荷重にも対応すべくウレタンを加えて販売されていますが、それでもトータルの重量200gと、他の製品より圧倒的に軽量にして作業ヘルメットの基準を満たしています。

　カバーとハニカムのエネルギー吸収量の比は、23対77と圧倒的にハニカムの寄与が大きいです。そのため、カバーをいろいろと変えても、カバーとこのハニカムの組み合わせで作業ヘルメットの基準を満たすことが期待できるわけです。

　その一例を示しましょう。佐々木淑恵氏は、なまこ折りとじゃばら折りを組み合わせ新たな幾何学模様を創出しています[43]。伸縮性にも優れ、頭部との接触部分が柔軟になることにより、通気性が良く、蒸れにくく髪に張り付くことを軽減し髪のスタイルに影響を与えません。

　画用紙を使用した、帽子の詳細を図に示します。同図(b)は、畳んだ状態の(a)を拡げたものです。左右端を、例えばマジックテープでつなぐと(c)になります。使用しない時は、マジックテープを外すことにより、再び(a)のように畳んだ状態にできます。

　帽子の中にハニカムコアを置いた同図(d)のモデルに対し、上の式（1）と同じ最適化を行うと、重量100gで(e)のようにあごひもをつけて作業ヘルメット並みの耐衝撃性が得られます。

折紙帽子の折り畳んだ・展開した状態、安全帽子への拡張

(a) 畳んだ状態

(d) 帽子の内にハニカムを入れた様子

(b) 展開状態を保つ面ファスナー

(c) 展開した状態

(e) 安全帽子として利用の様子

32

折り紙は優秀な
エネルギー吸収材

　機械産業の代表ともいえる自動車産業は、その時々の時代によって最重要テーマがあります。直前ではガソリンやディーゼルにかわるパワー源としての電気自動車、ハイブリッド車、燃料電池車、現在は自動運転の開発で各社しのぎを削っています。筆者（萩原）が修士を修了し自動車産業に投じた1972年頃を振り返ると、当時の最重要テーマは衝突安全車の開発でした。

自動車衝突に対する安全規制

　当時は米国の全盛期、大型車が幅を利かせ、ゼネラルモーター（GM）、フォード、クライスラーを「ビッグ3」と呼び、日本の企業のはるか先を行っている感覚がありました。しかし、米国政府は、米国内を走る日本車の増加に危機感を覚えたのでしょうか。1967年、日本車を追い出すためとも考えられるような厳しい安全規制を設けました。それは時速56kmで剛壁に前面衝突した時のハンドル付け根の後退量が1インチ（1インチは2.54cm）以内にする、というものでした。

　自動車が剛壁に前面から衝突しますと、自動車の前部にあるエンジンは必ず後退します（図1）。そのエンジンがダッシュボードに取り付けられたハンドル付け根に当たりますと、ハンドルそのものも後退し、ドライバーの胸などにハンドルが当たりドライバーは衝撃を受けることになります。

　当時の日本車といえば小型車が多く、米国の規制は前部構造の短い小型車にとって格別厳しいものでした。自動車産業にはその後も排気規制や燃費規制などが設けられますが、この前面衝突の安全規制は、その後の厳しい規制の先駆けとなるものであったわけです。

図1 自動車前面衝突の実験風景

マス―バネモデル

　このような厳しい規制が設けられていくたびに日本の自動車メーカーが性能を高め、その地位を確固たるものに築き上げてきたことは周知の通りですが、この前面衝突の安全規制も日産自動車株式会社の技術者が「マス―バネモデル」を駆使して最初に対応できたのです（日産自動車の三浦 登氏、川村紘一郎氏の両名による「自動車の対壁衝突変形機構に関する研究」。三浦―川村モデル）。

　このマス―バネモデルの衝突対策は、乗員室前の車両前部構造の変形による運動エネルギーの吸収です。マス部とは硬く変形しないエンジンやサスペンション、バネ部は変形する車体を指します。車体は柱とパネルからなっていますが、パネル部のエネルギーの寄与は大したことはありません。柱は中空の矩形断面形状で折れやすいですが、後述の、軸方向のアコーディオン形の圧潰変形モードが得られますと、大きなエネルギー吸収量となります。

より厳しくなる安全規制

　まずはマス―バネモデルで米国衝突安全規制に対応できましたが、安全規制はさらに厳しくなります。範囲も前面衝突に留まらず、後面や側面などに拡大しました。
　現在、世界の自動車メーカーで使用されている「有限要素法シェル要素に拠る衝突解析技術」が必要となりました。当初シェルモデル（構造を複数の三角形あるいは四角形の薄い曲面板からなるとしたモデル）による衝突シミュレーションは、容易ではありませんでした[37]。
　我々は商用のソフトが出る前にも部分的に開発に成功しました。これを用いて、エネルギー吸収機構を明確にできました[44]。
　この要点を**図2**の矩形断面中空部材の荷重―変位特性で説明しましょう。吸収エネルギーは同図(c)の斜線部分の面積となります。衝突が始まりますと部材の軸方向にのみ変形します。しかし、(e)の四角い部材の断面の縦・横長さをa、bとすると、a+b/2に近いところで直交方向の変形が生じます。これが座屈現象です。
　座屈が生じますと、変形の状況が激変します（専門的には「変形の場が変わる」と表現されます）。部材断面の4つの角が屈服しますと、(b)のように一旦荷重は下がりますが、再び上がったり下がったりと波があります。これが繰り返されるアコーディオンのような変形モードが得られるのが理想です。
　ここで部材への衝突角度が90度からずれたりしますと、座屈波形の腹部や節部と異なる箇所で折れ曲がります。一旦そのような箇所で折れ曲がりますと、下に変形が伝播することなくアコーディオン形の理想の変形モードが得られず、エネルギー吸収量は十分でなくなります。
　そこで、座屈波形の腹、節の断面で確実に座屈するように、(d)に示すような切り欠き（ビード）を設けたところ、良好な圧潰モードを得るためのロバスト性（強靭性）が向上しました。

折紙構造の活用を模索

　しかし、今なお2つの欠点があります。それは自らの嵩張りのため自長の70%程度しか変形しないことと、衝突初期のピーク荷重が高いため、時に乗員に危険なことです。特に前者の対応には折紙構造が有効と考え、文献調査を行いました。

図2 現行車両に使用されているエネルギー吸収材

(a) 部材の圧潰モード

①座屈　②応力集中　③降伏　④屈服

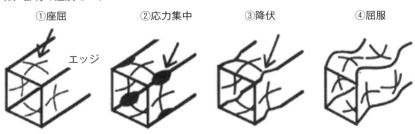

(b) 部材の圧潰時の荷重履歴

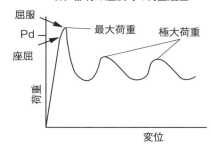

(c) 部材の圧潰モード

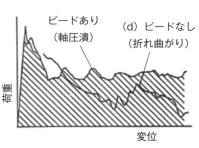

(d) 3種類のビード

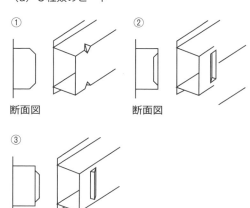

(e) 部材の座屈波長の腹と節の位置

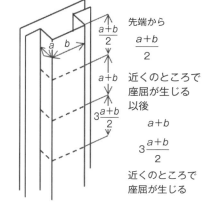

1996年当時、「折紙工学」の言葉もなく関連学会などでも折り紙の発表は一切ありませんでしたが、1990年代以降、北米を中心に折り紙の研究が活発になっていることが分かりました。これはエリック・ドメイン氏というキーパーソンによるところが大きいのでしょう。

　ドメイン氏は若干20歳にしてカナダのウォータールー大学で博士号を取得し、そのまま米国屈指の大学、マサチューセッツ工科大学（MIT）の教員になったという、いわゆる天才児です。彼の博士論文のテーマが折り紙であり、彼はこの分野を「計算折り紙（Computational Origami）」と名付け、多くの共同研究者とともにこの分野を牽引しています。

　国内外での折り紙の研究というと、折り紙の国際会議「折り紙の科学・数学・教育国際会議（OSME）」が1989年12月にイタリアで初開催されました。この国際会議では、初期は折紙教育的な発表が多いようでしたが、2010年の5回目頃から、構造解析と組み合わさった発表が現れています。2014年8月には東京で第6回OSMEが開催されました。

　1959年にスタートした「シェルと空間構造に関する国際会議（IASS）」では、剛体折りを中心とした折り紙の講演も行われています。

　このような研究に関する情報は得られましたが、上記の2つの懸案事項の解決につながりそうなものを見出すことはできませんでした。

　諦めているうちに突如、2000年頃、野島武敏氏がおびただしい数の折り紙の論文を日本機械学会中心に発表し、その中の「反転らせん折紙構造（Reversed Spiral Cylindrical Origami Structur、RSO）」は上記の2つの懸案事項を救うものと予感し、検討を進めました。

　その結果、RSOでは期待通りに自長の90％の変形に成功しました。折紙構造は軽くて剛性が高いという特質を持っていることは分かっていましたが、衝突エネルギー吸収材としてのポテンシャルが高いことも、これで実感できました。

33

高い機能と安価な製造が可能 「反転ねじり折紙構造」

「反転らせん折紙構造（RSO）」は、チャプター4の32で取り上げた通り変形と安全性という2つの欠点は解消しますが、荷重そのものは高くはなく、エネルギー吸収量も現行の中空の矩形断面構造より小さいです。これでは折紙構造が中空の矩形断面構造にとってかわることは困難です。

そこで、図1の角度a、bや1段の高さhなど、関連するパラメーターを設計変数とする最適化解析を行ってみました。すると、エネルギー吸収量が現行の1.4倍になる組み合わせのあることが分かりました。図1のaは、RSOの断面の辺の数をつかさどるもので、例えばaが30度であれば180度/30度=6となり、断面は六角形となります。bはaが決まると、上の段の稜線の点が下の段の稜線に乗るという折り畳みの条件からその範囲が決まります。

等重量の条件下で現行構造とRSOの荷重―変位線図を比較して、図2に示します。

現行構造では、「ビードなし」では容易に折れ曲がり、エネルギー吸収量は極端に小さいですが、「ビードあり」ではアコーディオンのような圧潰特性が得られます。しかし、グラフを見ると初期ピーク荷重が極端に大きく、変形量も限界があることが

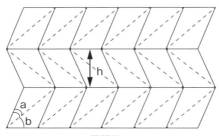

図1 反転らせん折紙構造

展開図

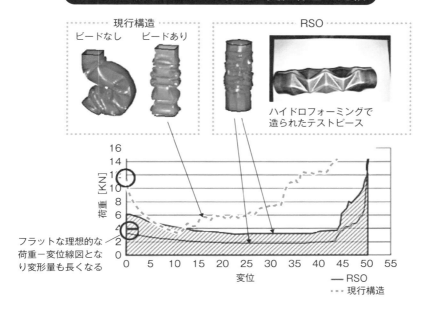

分かります。

　一方、RSOでは、パラメーターにより荷重値に幅はありますが、荷重値はほぼ一定のフラットな特性を示します。エネルギー最大の最適化解析を施し、現行の1.4倍程度のエネルギー吸収量が得られたことは上述の通りです。

　この成果を見た某自動車会社から、RSOを自動車衝突時の衝突エネルギーを吸収する部材のクラッシュボックスに利用できないかと相談を受けました。図3に示しますように、やはり初期ピーク荷重が高い、それを下げると今度はエネルギー吸収量が足らなくなるとのことでした。そこで、RSOに替えてみると、図3に示しますようにシミュレーション上で自動車会社の方々も満足する結果が得られました。

　早速、クラッシュボックスそのものではなく、一様断面中空真直材（断面が中空で形状と大きさが一定の真直な部材）のモデルで試作してみることになりました。

　図4は、ハイドロフォーミングの製造工程です。ハイドロフォーミングは内部に挿入される液体に高圧を与えて成形する工程のことです。

　まずシミュレーションで大量生産の可能性を検討してみました。大量生産の可能性のシミュレーション結果に興味をもってくださった企業と「管状体拡縮成形方法及

図3 クラッシュボックスとその荷重―変位特性概略図

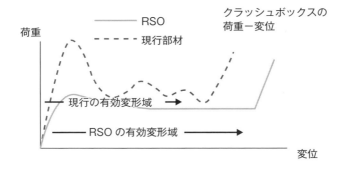

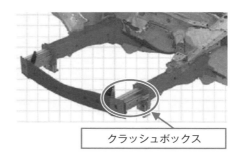

クラッシュボックス

図4 ハイドロフォーミングによる製造工程

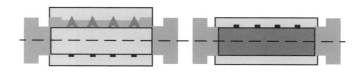

（a）円筒材を装置に移入　　（b）装置を封印する

（c）油圧をかける　　（d）テストピースを装置から取り出す

び管状体拡縮成形用金型」というタイトルで共同出願をしました。

　試作したものは図2のシミュレーション通りの素晴らしい特性を示しましたし、ハイドロフォーミングで大量生産も可能であることも分かりました。これで何とか折紙構造の産業化の可能性が得られたと喜んだのも束の間、製造費が高いとの理由で実機への適用はペンディングになってしまいました。

　それから8年の月日が流れました。共同研究者の埼玉工業大学機械工学科 教授の趙希禄氏は、RSOが図1の長さhごとに反対方向（反転方向）にねじっていけば良いのではとふと浮かび、シミュレーションで検討してみました。ねじりやすいように、ねじり部を励振加熱で980℃くらいにすれば良いことが分かりました。この製造方式を「部分加熱回転成形法」、それによって得られる構造を「反転ねじり折紙構造（Reversed Torsional Origami Structure、RTO）」と命名しました。

　図5に部分加熱回転装置を示します。この装置を使用する製造過程の概略は次の通りです。

　まず、正多角形断面の薄肉角筒素材を軸方向に沿って決められた間隔に固定治具で固定します（**図6**）。片方の固定治具を中心軸のまわる方向へ回転させて、固定治具と固定治具の間にある角筒素材を励振加熱で変形しやすくして塑性変形させることによって、一段のRTOを成形します。

　さらに、同様の成形法を軸方向に沿って左右交代しながらねじり塑性変形を行うと、図6の右側に示すようなRTOが得られます。このRTOとRSOの成形解析をしたところ、RSOでは元の板厚より最大4.7%減少している部分があるのに対し、RTOの最大減少部はわずか0.1%でした。ハイドロフォーミングでは大きな液圧のために偏りが大きくなると思われます。

　さらに、圧潰反力のピーク値、荷重値のフラット性を表す衝突荷重効率値（平均圧壊荷重/最大圧壊荷重）と単位質量あたりの衝突エネルギー吸収量を比較して、RTOが勝る結果となりました。

　製造費も安価で、特性も現行エネルギー吸収材よりはるかに優れていることから、これから災害事業メーカーと一緒に落石防護策への適用検討を開始するところです。地震対策として、建築構造物などへの適用も期待されます。また、8年間ペンディングになっていましたクラッシュボックスへの適用検討も始まります。

図5 部分加熱回転装置

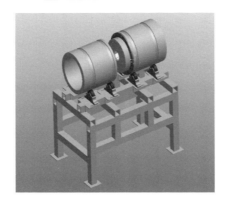

図6 部分加熱成形法による製造工程のイメージ

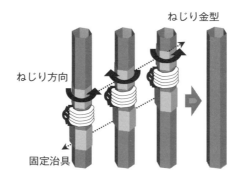

Chapter 5
折り紙の力

身のまわりにある建築産業への応用

　建築において「折り」は形態操作、形態生成、空間構成の手法として外観や内部空間の視覚的演出のために利用され、金属折板屋根、折板鉄筋コンクリート構造、金属波板、展開構造などが普及しています。

耐力を向上させる折板構造

　平らな板を組み合わせて構成する構造体を「折板構造」といいます。床や壁といった平面状の構造を屏風状に折り曲げるものと、折れ板で曲面を近似したものに分けることができます。平らな板は薄くなると曲がりやすくなりますが、屏風状に折り曲げることで曲がりにくくなります。工場や倉庫の屋根として使われているのを見たことないでしょうか。薄い鋼板を折り曲げることで、耐力が向上するのです。

　他に、折り紙的な応用に金属波板があります。ダンボールは板紙の間に波板構造があります。この波板によって補強されているのです。これと同様に、容易に凹んだり曲がってしまう薄鋼板を、形状の工夫により強度を高めたものが金属波板です。

折り畳みを活かした建設工法

　折り紙の軽くて強い特性を建築に利用したものだけでなく、折り畳み展開を利用するのも折り紙的といえます。

　ホバーマンスフィアをご存知でしょうか。おもちゃとして手に取ったことがある人もいるのではないでしょうか。広げたものを折り畳むと数分の1になる等速構造です。

　その他に大型ドームの建設工法としては、パンタドーム構法があります（図）。川口衞氏と株式会社昭和設計が実現しました。頂上部分を地上で建築します。この時、折り畳んだ状態にしておき、それをジャッキなどで押し上げることで、ドームの骨組みを作ります。頂上部分を地上で建築できるため、安全な作業だけでなく、

パンタドーム構法

（提供：奈良市／構法についての問い合わせは不可）

工期の短縮も可能です。

　他に有名なものとして、ジオデシック・ドームがあります。球に近い正多面体（正十二面体、正二十面体、半正多面体の切頂二十面体）を正三角形に近い三角形で細分割したものです。

折紙建築

　茶谷正洋氏が考案した折紙建築は、建築物の立体的表現を可能にします。折られたグリーティングカードを広げると、動物や文字などが浮き出てきます。こうしたデザインとしての折り紙として見られていた折紙建築ですが、近年の計算科学シミュレーションなど周辺技術が進歩した今、見直すと宝の山があるように感じられます。

　宇宙ステーションの構築法に影響を与えることもあり、建築構造の折り紙化はますます進展してゆくものと期待しています。

期待される医療機器や肺の呼吸モデルへの応用

ステントグラフトとなまこ折り

　医療の分野で折り紙に期待されているものの1つにステントグラフトへの応用があります。ステントグラフトとは「ステント」と呼ばれる金属でできたバネの部分を人工血管「グラフト」で被覆した医療機器です。このステントグラフトを折り畳んでカテーテル内に収納し、血管に挿入することで、動脈瘤で弱くなっている血管の付近で開いて血管を保護します。

　ステントグラフトは小さく畳めればより細い血管にも対応できるので、折り紙の技法が使えないか期待されています。折り方の候補として藤本修三氏の発案による「なまこ折り」が栗林香織氏らによって提案され、注目されています[45]。

　図1はなまこ折りの展開図です。風船の基本形をタイル張りしたものですが、半ユニットのずらしを伴う並進になっているので少し複雑な折り方になります。

　図2は2種類の素材（和紙と厚めのコピー用紙）で製作したなまこ折りモデルの写真です。細長い筒状と丸みのある球状の間をくねくねと変形する面白い動きをします。

　なまこ折りの両端を閉じれば、筒状になりますので、ステントグラフトの形状に応用できると期待されているわけです。これを種々の素材での制作、剛体折りとの関係、変形によるヒンジにかかる加圧などの研究がオックスフォード大学のゾン・ユウ（Zon You）氏らによって進められています。

呼吸メカニズムと折り紙の肺モデル

　折り紙の医療へのもう1つの応用として、北岡裕子氏が肺モデルの説明に開発したものを紹介します[46]。肺は、口から気管、気管支を経て肺胞に到達した空気に対して、肺胞壁の中を流れる血液との間で酸素と二酸化炭素のガス交換を行ってい

図1 なまこ折りの展開図

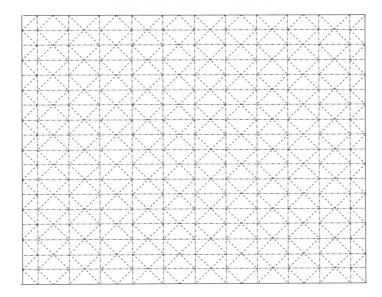

図2 なまこ折りの折り紙作品

厚めのコピー用紙

内側

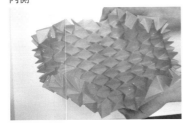

和紙

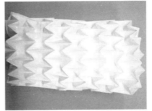

外側

ます。

　北岡氏の研究によると、ヒトの呼吸器系の構造の模式図において、従来の構造では、肺の中で枝分かれした気管支の末端にブドウの房のように肺胞がついている図が用いられていますが、このような図では肺胞が空間充填している実態が表現できません。

　実際に肺胞系の電子顕微鏡画像を見ると、ブドウの房のようなものはどこにもなく、そのかわりにスポンジのような空洞だらけの構造が観測されます。ただし、ここでいうスポンジとは、空間に仕切りを入れたものですが、仕切り以外のどの2点も迷路のようにたどって行けば互いに行き着くことができる構造をもち、スポンジの個々の孔はすべて、仕切りの断面を除けば、器官につながっている構造です。

　そこで、北岡氏は枝分かれ構造と空間充填構造の両方を兼ね添えるモデルを考案し、肺胞の4D構造モデルを計算機内に生成しました。しかし、論文やCGを使ってこの構造を理解してもらうのには困難を感じ、身近な説明材料として折紙モデルを考案しました。これを用いて構造を理解してもらいやすくなったとのことです。

　図3に示す展開図を折ると、縁が閉じられていない立方体ができます。中心にある正方形の面を固定した時、その各頂点に接続する合同な直角二等辺三角形の面を共有辺で開いたり閉じたりすることによって、モデルが動きます。北岡モデルはこ

図3 肺のユニットの展開図と折り紙モデル[46]

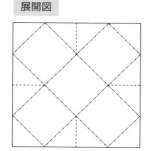
展開図

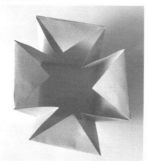
最大容量

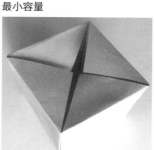
最小容量

れを基本ユニットとして、修正(しゅうせい)しながらコピーを連結して、**図4**の肺胞管モデルを構成しています。

ちなみに、4D構造モデルでは立方体と十八面体による空間充填を用いています。

図4 ユニットを連結した折り紙の肺胞管モデル[46]

管の軸から

横から

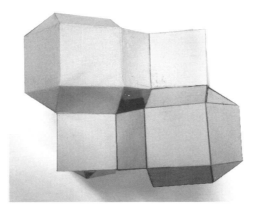

振動をゼロにする防振器。自動車シートへの応用

　図1はRSOの双安定性を利用した防振器[47]です。チャプター4の33で紹介した図1は3段のRSOの2次元展開図です。ここで紹介するのは、1段を抽出し稜線をトラス要素で置換した防振器です。

　この防振器は水平バネ、垂直バネ、対角バネの3種類からなります。この3種のバネとも畳んだ時、広げた時にひずみがゼロとなり安定、すなわち双安定[48]です。

　構造全体として見ると、図2に示すように防振器が畳まれた状態から広げられた状態まで挙動する際の防振器に加わる力を縦軸に入力すると、S字カーブになります。そこで、線形バネと同時に使用すると、図3に示すようなバネ定数がゼロとなる防振器の高さの範囲が存在します（図4）。

図1 RSOの双安定性を利用した防振器

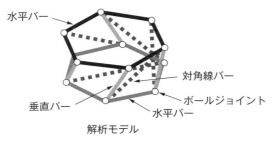

解析モデル

（提供：石田祥子氏）

自動車への応用

　こうした特性は、自動車への応用が実用的です。具体的にお話ししますと、ドライバーの体重に応じてシートの沈み込み量が異なりますが、沈み込んだ高さの範囲でバネ定数をゼロ、すなわち振動を入力しても応答値がゼロという、振動しない防振器の可能性を示しています。

　このような特性は、かつてシートメーカーの関連会社で研究開発された「磁気ばね」で用いられています。この磁気ばねは、発表当時、画期的な防振機構として自動車メーカー各社が注目しました。海外の大手自動車メーカーであるフォードをはじめ、多くの自動車メーカーが磁気ばねを見に来たそうです。しかし、この磁気ばねは、高価な材料を必要とするため、自動車用途としてコスト的に見合いにくく、実際には某自動車メーカが一部採用したのみであったとのことです。

　このRSOと線形バネの組み合わせは、磁気ばねと同様の特性を100分の1のコストで得られる画期的なものになるかもしれません。この研究は明治大学の石田祥子氏が精力的に取り組んでいます。

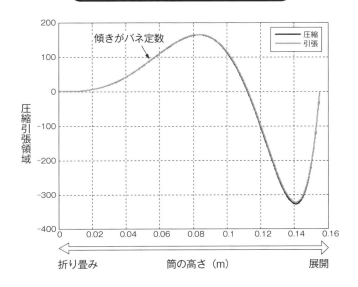

図2　RSOの高さと反発力特性

図3 自動車のシートと防振器

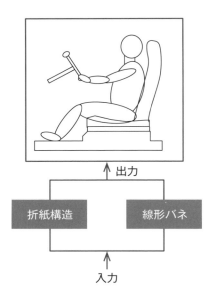

図4 防振器のバネ定数

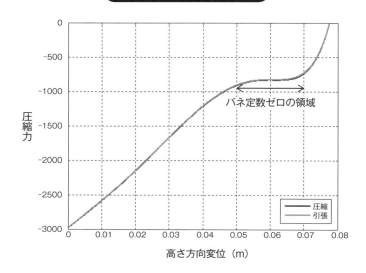

37

美しくコンパクトに
折り畳める飲料容器への応用

　折り紙の最も優れた特性の1つは展開収縮できることでしょう。2002年に折紙工学が誕生して、まず考えられた応用例の1つが「折畳ペットボトル」でした。当時、新聞にも取り上げられたほどです。

　著者（萩原）の近しい研究者にも、ライフ&ヘルス事業を営む大手企業と折畳ペットボトルの共同開発に取り組んだ人がいます。私自身、「応用は難しいはずない。実用化は間近だろう」と考えていました。しかし、未だに市場に出てきていません。

　3年ほど前から、筆者らが上述とは異なるライフ&ヘルス事業を営む大手企業と「美しく簡単に折り畳める飲料容器の開発」の共同開発を進めています。共同開発に取り組んでみると、なぜ成功しなかったのかよく理解できました。この約3年にわたる研究の中で、紹介できる範囲で格闘の一端を紹介します。

はじめに考えたこと

　飲み干したペットボトルといった飲料容器の廃棄物を人間の力で容易に折り畳める上、折り畳んだあとも美しい構造であることを考えますと、**図1**のようなモデルが考えられました。7段からなる順らせん、反転らせんの2つのペットボトルモデル形状です。

　一番上の1段目と7段目は円筒殻です。2段目と6段目は円筒らせん（断面は正十二角形）、3~5段目はほぼ同一の長さからなる断面が正十二角形の円筒らせん構造です。

4つの留意点

　このモデルを考案するにあたり、次の4点に留意しました。
①真横から射影した形状が美的

139

図1 順らせんモデル、反転らせんモデルと展開図

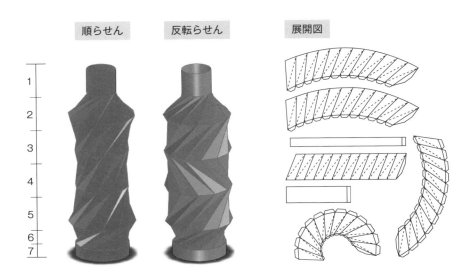

2段目と4段目の上面の直径と高さを、黄金比に近い値（5：3）としています。

②対称性の配慮

対称性が高い方が美的感覚に沿う傾向があります。このことから3～5段目の中央部分を円筒らせんにしました。また、3～5段目が水平面に対して対称になるように、2段目と4段目を鏡映対称に設計しています。

③全体が滑らかな形状

らせんによる立体は、真横から射影しますと双曲線になります。そのカーブが2段目と4段目と合わせて連続的に見えるように中央部分の高さを設定しています。そして、滑らかさと変形しやすさ、そして美しさを合わせて、らせんを十二角形にしました。

④機能性の配慮

1段目と5段目の高さは全体のバランスと使いやすさ、容量の確保などの機能性を考慮して設定しています。

1段目と7段目は円筒構造、2～6段目はらせん状の山折り・谷折り線があります。このらせん上の折り線で折り畳める構造です（図2）。紙だと理想的に潰れます

図2 ペットボトルが美しく折り畳まれる様子

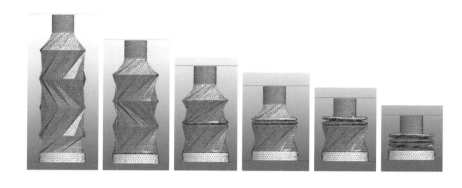

が、PP材やポリエチレンテレフタラート（PET）材では、らせん状であっても板厚を無視することはできません。必ずしも容易には潰れません。

そこで、座屈解析を行い、座屈モードの腹部と節部に配慮しました。

①らせん構造や蛇腹折り構造などの折り畳める部分と上下に、一般的な円筒など折り畳めない構造を組み合わせる②座屈解析により、腹部と節部を求め、そこを境界とする段構造③境界部の強度を腹部ではアップさせ、節部ではダウンさせる構造。ただ、これでも潰すには相当な力がいります。

きれいに畳まれるとスプリングバックが大きくなり、折角畳めても元に戻ってしまいます。そこで溝などを設けたりしてスプリングバックを抑えたりする必要があります。

現在、この課題は完全には解決していませんが改良を進め、最新のモデルは図1の形状とは異なっております。研究段階であるためこれ以上は紹介できませんが、成功まであとわずかと考えております。少しでも早く皆さんの手元に折畳ペットボトルが届くことを期待しています。

簡単に折り畳める厚板の箱

紙パックの箱を平らに折り畳む

　空になった紙パックの箱をリサイクルのために小さくする時、素材が柔軟性に富んでいれば、そのまま平らにすることができますが、ジュースや牛乳など1リットル入りの紙パックは厚みがあるためにハサミで切り開いて平らにするなどの処理が必要です（**図1**）。また、引越しや収納のために使う段ボールの箱も組み立て、立体形状にして中に物を入れ、テープなどで閉じ、開く時はカッターナイフなどで切るなどして開き、再び平らにしてリサイクルに出すことになります。

　そこで、素材の「剛性」や「厚み」を考慮した直方体の箱で、立体形状への変形と平坦化への変形ができるだけ簡単な直方体の厚板箱（筆者ら考案）を紹介します[49]。

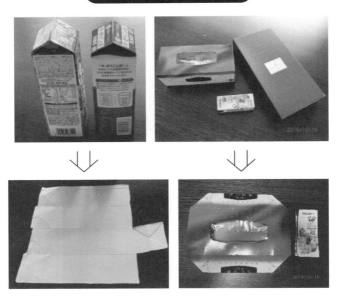

図1 紙パックの平坦化

平坦化できる厚板の箱モデル

　図2の直方体の箱は厚板で作られ、上からの荷重に対してはほとんど変化しませんが、左右の側面からわずかな力を負荷すると、上面が底面方向に平行に移動してスムーズに平らに折り畳めます（**図3**）。

厚板の箱モデルの設計

　では、厚板の箱モデルの設計がどのようになっているかについて概略を説明しましょう。まず、剛性かつ厚みのある素材ということに注目して、「剛性」と「厚み」という2つの制限を取り払い、これらの制限がない素材、すなわち柔軟で厚みを無視できる素材の場合からスタートして、順々にこの2つの制限を負荷するという方法を取ります。

　そこで、紙のように折り目で折れる伸縮なしの柔軟、かつ厚みを無視できる素材の直方体の箱を考えます。チャプター3の22で紹介したように移動折り目の考え方を用いると、切ったり伸ばしたりせずに平坦化する方法は無数にありますが、ここでは、応用上の利点を勘案して、上面や底面は剛性素材とします[49]。さらに、簡単にするため、高さは縦や横の長さ以下の箱を対象にします（**図4①**）。この条件に適う方法が2つあります。

側面の設計と動き

　どちらの場合も、4枚の側面のうち、平行な2面（左右の面）は2つ折りになるように中央で分割し、残りの2面（前後の面）は図4②のように、直角二等辺三角形4枚と等脚台形2枚に分割します。

　1つ目の方法は、4枚の側面をすべて内側に折り込んで平坦化します（**図5①**）。もう1つの方法は左右の2面は内側に折り込み、前後の2面は外側に折り出す方法です（図5②）。この時、面が互いにぶつかり合うところが生じるので、前後の面が左右の面の形に合わせて折り目で折られて変化していけば、移動折り目によって平らな状態に到達することができます。

　さて、移動折り目はどのような動きでしょうか。詳細に分析してみると、後者の方

図2 厚板を用いた折り畳み可能な箱

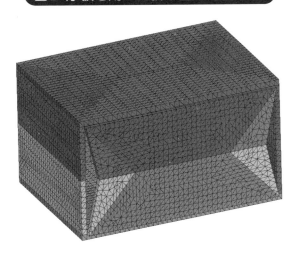

図3 厚板箱が折り畳まれる過程

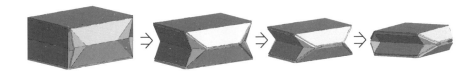

法の場合、前者の方法のおよそ6分の1となることが計算によって求められます[34]。したがって、後者の方法を採用し、この移動折り目の部分を柔軟素材に置き換えるか隙間を設けるなどの処置をします。図2のモデルでは前後の直角三角形の各面を一部削除して隙間を設けています。

　ヒンジの設置について、隣り合う等脚台形の2面の場合は工夫が必要で、面の裏側よりもさらに内部にヒンジによる回転軸がくるようにしています。

図4 直方体の箱と面の分割

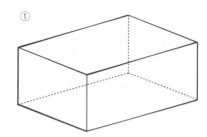

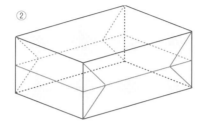

図5 直方体の箱の2通りの折り畳みの方法

内側に折り込む

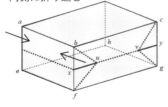

外側に折り出す

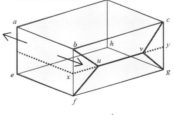

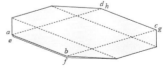

オクテット・トラス形
コアパネルによる輸送革命

　ここでは、折紙特性の応用における「輸送」について考えてみましょう。丁寧な輸送が必要なものを考えると、再生医療で注目されているiPS細胞（人工多能性幹細胞）や血液などが挙げられます。これらは、輸送時の振動や衝撃によって死滅率がかなり高くなります。また、日本のイチゴは甘く瑞々しくとても優れていますが、輸送時に傷んでしまうため海外への輸出が難しいという課題があります。

　チャプター4の26でも紹介したように、空間充填構造物のオクテット・トラス形コアパネル（トラスコアパネル）は優れた緩衝材であり、輸送革命を起こす可能性があります。そこで、改めて緩衝材兼輸送箱の観点からトラスコアパネルを見直してみます。

卵を運ぶ方法

　チャプター4の26のおさらいになりますが、正四面体も正八面体の半分も図1、図2に示すように、適切なフランジ幅（糊しろ）だと糊付けしなくても収まりが良いものとなります。また、糊付けなしで正四面体と正八面体の半分を箱詰めし空間充填させると、紙製でありながら60kgの人が乗っても破損しません。0.1mmの鋼板を使えば6トンでも耐えられる換算です。

　コアの正三角形の1辺の長さを100mmにすると、卵を格納することができます。図3に示すように厚さ0.5mmのポリプロピレン（PP）シートで、卵をコア内で静止させて（同図(a)）、正八面体の半分に入れ(b)、これを5個1組とし(c)、五角形の外箱に詰めました(d)。(d)は137gです。搬送中の落下事故を想定し、高さ1m上から落下させる実験を行ったところ(e)(f)、すべての卵に割れやひびなどの損傷はありませんでした(g)。PP製五角形のトラスコアパネルも優れた緩衝材兼輸送箱になり得ることが分かります。

図1 正四面体

(a) 展開図

(b) 糊付けしない状態での組み立て

図2 正八面体の半分

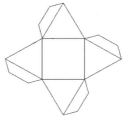

(a) 展開図

(b) 糊付けしない状態での組み立て

実用化されたイチゴ輸送箱

　輸送時の衝撃と振動を抑えるために、この新しいタイプの輸送箱は有効だと考えられます。血液やイチゴといった繊細なものの輸送時の課題が解決できそうですが、同時にコアや外側の箱それぞれに適切な通気孔も必要です。

　このような輸送箱に入れて、安全かつ青果物が傷まずに輸送できる設計仕様について検討しました。その一例として「イチゴ輸送箱」が得られました（**図4**）。正四面体4個、正八面体の半分5個の計9個のコアを、空間充填が得られるよう外箱に配置します。この設計は実用化され、すでに市場に出回っています。このように、折紙構造を活用した輸送箱はさまざまな分野で利用されていくと期待されます。

図3 PP製五角形のオクテットトラスコアパネルの衝撃実験

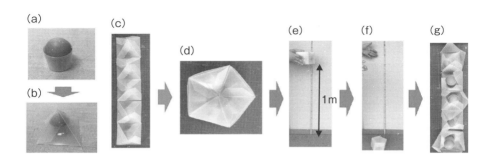

図4 イチゴ輸送箱

正八面体の半分

正四面体

外箱に配置

折紙工学の未来

　科学技術・学術政策研究所の中島潤特別研究員による『折紙工学―折紙の特徴や機能を製品創出に生かす』にはこう書かれています。「今、私たちが"最適"と考えている構造や部品でも、折紙工学の概念を用いれば、更に強くて軽い構造物を作ることが出来るかもしれません。ただし、複雑な折り形状によって優れた性能を示すことができた場合でも、製品化する際に課題となるのが、いかに"安価で生産できるか"です。それには理論的な形状の追及のみでなく、成形法など生産プロセスも含めたモノづくりとしてのトータルの研究開発が必須となります」。

　チャプター5を通じて解説してきた産業化の課題をまとめている文章です。産業化は性能だけでなく、コストを念頭に置いた製造法まで、総合的に考える必要があります。

身近な製品への折り紙的アプローチ

　今後、製品化しそうな一例を上げます。チャプター1の4で解説したリバースエンジニアリングを活用した「赤ちゃんオムツ」の応用例です。赤ちゃんは立ったり座ったりと、さまざまな姿勢になります。姿勢によって、オムツと体の密着度は異なります。そこで、立ったり足を伸ばしたりした際、ぴったり密着するオムツを折紙式プリンターで作ったものです。

　商品化の検討段階なので、具体的な説明は省きますが、過程の一部を記します（図）。セグメンテーション技術で脚、下部、前部、後部と分け、それぞれのあるべき形状を求めることができます。このように、身近な製品にも「折り紙的アプローチ」が有効になってきます。

　衣服のデザイン性に折り紙が応用されるケースもあります。折紙工学を提唱した野島武敏氏と、ファッションデザイナーの三宅一生氏がコラボレーションしました。

折り紙とロボット

　チャプター1の5で解説した、実物の画像から展開図を作るシステムの活用も1

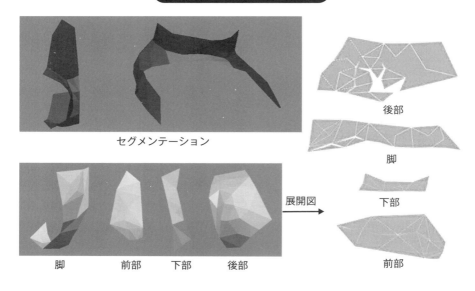

つの方向性です。これまでの型を用いる成形法でなく、構造を適切に分割しそれぞれを折り紙のように曲げ加工し、接続する成形法です。これは、開の木構造の展開図となる構造に対しては折紙工法で対応できます。

　注意すべきは、分割された構造の接続方法です。成形ステップが増えればそれだけ製造費は嵩みます。折りやすくするためにはできるだけ多く分割する、工程数の削減には極力分割数は少なくするといった、展開図の求め方のトレードオフの解決が重要となってきます。

　また、重要なのは自己折りを含めた「自己挙動」の積極的な利用でしょう。宇宙空間といった極力小さな力で構築する必要のある場所での構造物や、体内を掃除する自己折りロボットなどに自己挙動が要求されます。このような挙動する折り紙の例に、米国マサチューセッツ工科大学（MIT）、英国シェフィールド大学、東京工業大学（現東京科学大学）の研究グループで検討されている、誤飲した異物を体内から取り除くことを意図したロボット研究があります。乾燥状態だと約1cm四方の紙片のようですが、水分を含むと折り畳まれていた部分が開きます。

　このような類の研究例は、たくさんあります。ロボットと折り紙は相性が良いのかも

しれません。
　江戸時代に発展したからくり人形と折り紙を組み合わせたものが、将来の研究の1つの中心になっていくと考えられます。

折り紙は
日本の文化として広がり、
いまでは世界で研究される
テーマにまで成長したんだ

参考文献

（1） 村田三良, The theory of paper structure（折紙についての考察）(2), Bulletin of Oita prefectural Junior College of Art 5, 29-37, 1966.

（2） 前川淳作, 笠原邦彦編・著, 「ビバ!おりがみ」, サンリオ, 1983.

（3） 前川淳著, 「本格折り紙 入門から上級まで」, 日貿出版社, 2007.

（4） 吉澤章著, 「創作折り紙 NHK婦人百科」, NHK出版, 1984.

（5） Peter Engel 著, Folding Universe Origami from Angelfish to Zen, A vintage original, 1989.

（6） Robert J. Lang, Origami Design Secrets, Mathematical Methods for ancient Art, CRC, Second Edition, 2011.

（7） http://www.langorigami.com/article/treemaker

（8） 上原隆平著, 「計算折り紙入門」, 近代科学社, 2018.

（9） 三谷純著, 「曲線折り紙デザイン」, 日本評論社, 2018.

（10） 寺田耕輔, 萩原一郎, 「自由自在な折り紙のような工法」, 日本機械学会誌, Vol.119, No.1175 （2016-10）, pp.564-565.

（11） ディアゴ・ルイス, 篠田淳一, 山崎桂子, 萩原一郎, 「複雑構造に対する切り紙ハニカムの生成法に関する研究」, 日本機械学会論文集89巻917号（2023）, 日本機械学会.

（12） 萩原一郎, 趙希禄, 「コアパネル、コアパネルの製造方法およびコア製造装置」, 特願2022-177019（2022年11月4日）.

（13） 田志磊, 孔呈海, 趙巍, 趙希禄, 萩原一郎, 「キュービックコアパネルの曲げ剛性のモデル化とシミュレーションに関する研究」, 日本シミュレーション学会論文誌15巻1号（2023）, pp.1-13, 日本日本シミュレーション学会.

（14） 斉藤一哉, 「折紙する昆虫～ハネカクシの翅の隠し方～」, 折紙探偵団マガジン151号（2015）, pp.13-15, 日本折紙学会.

（15） 斉藤一哉, 「究極の展開構造：昆虫の翅の折り畳みに挑む」, 日本機械学会誌vol.119（2016）, pp.556-557, 日本機械学会.

（16） Kazuya Saito, Shuhei Nomura, Shuhei Yamamoto, Ryuma Niiyama, and Yoji Okabe Investigation of hindwing folding in ladybird beetles by artificial elytron transplantation and microcomputed tomography, PNAS May 30, 2017 114 （22） 5624-5628.

（17） Guest, S. D. and Pellegrino, S.（1992）. Inextensional wrapping of flat membranes. In Proceedings of First International Seminar on Structural Morphology, 203-215, 1992.

（18） 野島武敏, 「薄い円形膜の折りたたみ法のモデル化（等角ら旋によるおりたたみ法）」, 日本機械学会論文集（C編）, Vol. 678, No. 657（2001）, pp.1669-1674.

（19） 石田祥子, 「数理的手法に基づいた折り畳み可能な構造の展開図創出に関する研究」, 学位論文, 東京工業大学, 2014年3月.

（20） 山崎桂子, 阿部富士子, 萩原一郎, 「「折」を生かした日本独自の描画法「扇」の数理的解明の試み」, 日本機械学会論文集87巻898号（2021）, 日本機械学会.

（21） 川崎敏和著, 「バラと折り紙と数学と」, 森北出版, 1998.

（22） プロジェクトF編, 「おりがみ　ねじり折り　藤本修三ワールド」, 誠文堂新光社, 2012.

（23） 主婦の友社編, 「簡単おりがみ大百科　永久保存版」, 主婦の友社, 2018.

（24） 中村義作著, 「マンホールのふたはなぜ丸い?」, 日本経済新聞社, 1984.

（25） 布施知子著, 「らせんを折ろう 折り紙コレクション2」, 筑摩書房, 1992.

（26） Takashi Horiyama, Jin-ichi Itoh, Naoki Katoh, Yuki Kobayashi, Chie Nara, Continuous folding of regular dodecahedra, Discrete and Computational Geometry and Graphs, LNCS vol. 9943（2016）, pp. 120-131.

（27） 野島武敏著, 「ものづくりのための立体折り紙─2枚貼り折紙の提案」, 日本折紙協会, 2015.

(28) 野島武敏, 杉山文子著, 「折紙模型製作用折り線図」, 日本折紙協会, 2015.

(29) Erik D. Demaine and Joseph 'Rourke, Geometric folding algorithm Linkages, Origami, Polyhedra, Cambridge university press, 2007. 邦訳：上原隆平訳, 「幾何学的な折りアルゴリズム―リンケージ, 折り紙, 多面体」, 近代科学社, 2009.

(30) O' Rourke：Joseph O' Rouke, How to fold it, Cambridge university press, 2011. 邦訳：上原隆平訳, 折り紙の数理, 近代科学社, 2012.

(31) Jin-ichi Itoh and Chie Nara, Continuous flattening of Platonic polyhedral, Computational Geometry, LNCS vol. 7033 (2011), pp. 108-121, Springer.

(32) Jin-ichi Itoh, Chie Nara, and Costin Vilcu, Continuous flattening of convex polyhedra, Computational Geometry, LNCS vol. 7579 (2012), pp. 85-97, Springer.

(33) Chie Nara, Continuous flattening of some pyramids, Elem. Math. 69 (2014), pp.45-56.

(34) Erik Demaine, Martin Demain, Jin-ichi Itoh, and Chie Nara, Continuous flattening of orthogonal polyhedra, Discrete and Computational Geometry and Graphs, LNCS vol. 9943 (2016), pp. 85-93, Springer.

(35) 奥泉信克, 白澤洋次, 宮崎康行, 森浩, 「小型ソーラー電力セイル実証機IKAROSの薄膜セイル展開挙動」, 日本マイクログラビティ応用学会誌 vol.29 (2012), pp.48-55, 日本マイクログラビティ応用学会.

(36) 五島庸, 斉藤一哉, 「折紙工学によるコアパネルの設計と製造」, 日本機械学会誌 vol.119 (2016), pp.576-577, 日本機械学会.

(37) 萩原一郎, 津田政明, 佐藤佳裕, 「有限要素法による薄肉箱型断面真直部材の衝撃圧潰解析」, 日本機械学会論文集 (A編), 55巻514号 (1989-6月), pp.1407-1415.

(38) 萩原一郎, 趙希禄, 「緩衝装置」, 特願2023-037761 (2023年3月10日).

(39) Jingchao Guan, Yuan Yao, Wei Zhao, Ichiro Hagiwara, Xilu Zhao, Development of an Impact Energy Absorption Structure by an Arc Shape Stroke Origami Type Hydraulic Damper,Shock and Vibration Volume 2023, Article ID 4578613, Wiley.

(40) 奈良知恵, 「折り紙ヘルメットの話」, 折紙探偵団マガジン159号 (2016), pp.13-15, 日本折り紙学会.

(41) Yang Yang, Chie Nara, Xiaoshi Chen, Ichiro Hagiwara, Investigation of Helmet based on Origami structures, Proc. ASME 2017 IDETC, August 6-9, 2017, Cleveland, Ohio, Paper Number #2017-67391.

(42) 斉藤一哉, 野島武敏, 「折紙の数理とその応用」 (日本応用数理学会監修, 野島武敏・萩原一郎編), 折紙の構造強化機能―新しいコア材の開発, 共立出版, pp.216-234, 2012.

(43) 佐々木淑恵, 萩原一郎, 「帽子」, 特願2023-194075 (2023年11月15日).

(44) Y. Kitagawa, I. Hagiwara and M. Tsuda, Development of a Collapse Mode Control Method for Side Members in VehicleCollisions, SAE910809 1991 Transaction Section 6 (1992-4月), pp1101-1107.

(45) 繁富 (栗林) 香織, 「医療分野への応用を目指した折り紙技術の最前線」, 折紙探偵団マガジン162号 (2017), pp.13-15, 日本折紙学会.

(46) 北岡裕子, 「折紙工学の呼吸メカニズムの応用事例」, 日本機械学会誌 vol.119 (2016), pp.566-567, 日本機械学会. http://www7b.biglobe.ne.jp/~lung4cer/OrigamiManualJ.pdf

(47) 石田祥子, 内田博志, 萩原一郎, 「折り畳み可能な構造の非線形ばね特性を利用した防振機構」, 日本機械学会論文集 Vol.80, No.820, 2014, pp.1-11.

(48) S. Ishida, K. Suzuki, H. Shimosaka, Design and Experimental Analysis of Origami-inspired Vibration Isolator with Quasi-zero-stiffness Characteristic, ASME Journal of Vibration and Acoustics, Vol. 139 (2017), No.5, 051004.

(49) Chie Nara, Ichiro Hagiwara, Yang Yang, Xiaoshi Chen, Flat-foldable boxes of thick panels –Hinges and supporters, Proc. ASME 2017 IDETC, August 6-9, 2017, Cleveland, Ohio, Paper Number #2017-67395.

[著者略歴]

萩原　一郎（はぎわら・いちろう）
[執筆担当]
<Chapter1>4・5・6・7、<Chapter2>8・9・10・11・13・15、<Chapter4>24・27・28・29・31・32・33、<Chapter5>34・36・37・39・40

京都大学工学研究科数理工学専攻修士課程修了。1972年4月に日産自動車（株）に入社、総合研究所で勤務。東京工業大学（現 東京科学大学）工学部機械科学科教授、上海交通大学客員教授兼、同大学騒音・振動・ハーシュネス（NVH）国家重点研究所顧問教授、東京工業大学大学院理工学研究科機械物理工学専攻教授。2012年4月から明治大学研究・知財戦略機構（OSRI）特任教授／先端数理科学インスティテュート＆自動運転社会総合研究所所員、東京工業大学（現 東京科学大学）名誉教授。工学博士。
第22期、23期日本学術会議会員。
日本応用数理学会・日本機械学会・日本シミュレーション学会・日本計算力学連合各名誉会員、米国機械学会・自動車技術会・アジアシミュレーション学会連合各フェロー。

[受賞]
日本応用数理学会業績賞「計算科学・数理科学援用折紙工学の創設と展開」、日本機械学会賞（技術功績）「計算科学シミュレーション援用折紙工学の創設と産業への展開」、平成31年度科学技術分野の文部科学大臣表彰科学技術賞（研究部門）「計算科学シミュレーション援用折紙構造の産業化に関する研究」他多数。

[著書]
『折紙の数理とその応用』（共著、共立出版）など。

奈良　知惠（なら・ちえ）
[執筆担当]
<Chapter1>1・2・3、<Chapter2>12・14、<Chapter3>、<Chapter4>25・26・30、<Chapter5>35・38

お茶の水女子大学理学部数学科卒業。神奈川県立高等学校に専任教員として3年間勤務後、母校の大学院に戻り、修士課程・博士課程を修了。学術博士（数学）。武蔵工業大学（現東京都市大学）講師、ミシガン大学客員研究員、東海大学理学部・阿蘇教養教育センター教授、明治大学研究・知財戦略機構（OSRI）客員教授を歴任。現在、明治大学OSRI客員研究員／先端数理科学インスティテュート所員。現在の専門は離散幾何学および折紙工学。

[著書]
『エクササイズ 微分積分』（共著、共立出版）、『グラフ理論への入門』（共訳、共立出版）、『証明の展覧会Ⅰ・Ⅱ―眺めて愉しむ数学』（共訳、東海大学出版会）など。

寄り道の科学　折り紙の本

NDC 585.7

2025年2月28日　初版1刷発行

ⓒ著者　萩原一郎、奈良知惠
　発行者　井水治博
　発行所　日刊工業新聞社
　　　　　〒103-8548 東京都中央区日本橋小網町14番1号
　　　　　書籍編集部　電話 03-5644-7490
　　　　　販売・管理部　電話 03-5644-7403
　　　　　　　　　　　　FAX 03-5644-7400
　　　　　URL https://pub.nikkan.co.jp/
　　　　　e-mail info_shuppan@nikkan.tech
　　　　　振替口座 00190-2-186076
　　　　　印刷・製本　新日本印刷㈱

●DESIGN STAFF
カバーイラスト ──── 島内美和子
ブック・デザイン ──── 黒田陽子
　　　　　　　　　　（志岐デザイン事務所）

落丁・乱丁本はお取り替えいたします。
2025 Printed in Japan
ISBN 978-4-526-08369-3

本書の無断複写は、著作権法上の例外を除き、禁じられています。

●定価はカバーに表示してあります